普通高等教育电子信息类"十三五"规划教材

PLC 控制系统设计实验实训指导

主　编　宋晓晶　杨海亮　李正强

副主编　贾茜茜　常恩泽

西安电子科技大学出版社

内 容 简 介

本书是为自动化、电气、电控、电力等自动化类相关专业编写的 PLC 控制实验、实训教材。全书分为三个部分：第一部分为基础篇，主要针对 S7-200 PLC 展开相关实验；第二部分为提高篇，主要针对 S7-300 PLC 展开相关实训；第三部分为应用篇，主要针对 PLC 在传动系统中的应用、在供水系统过程控制中的应用及在监控系统中的应用展开，将变频器、过程控制和触摸屏的相关内容融入实验与实训。

本书的适用性比较广泛，涵盖 PLC 相关控制类专业，内容具体、全面，对相关理论课教学有一定的指导意义。

图书在版编目(CIP)数据

PLC 控制系统设计实验实训指导 / 宋晓晶，杨海亮，李正强主编. —西安：西安电子科技大学出版社，2020.5

ISBN 978-7-5606-5636-6

Ⅰ. ① P…　Ⅱ. ① 宋…　② 杨…　③ 李…　Ⅲ. ① PLC 技术—高等学校—教材

Ⅳ. ① TM571.6

中国版本图书馆 CIP 数据核字(2020)第 052524 号

策划编辑　刘玉芳
责任编辑　明政珠　刘玉芳
出版发行　西安电子科技大学出版社(西安市太白南路 2 号)
电　　话　(029)88242885　88201467　　　邮　　编　710071
网　　址　www.xduph.com　　　　电子邮箱　xdupfxb001@163.com
经　　销　新华书店
印刷单位　陕西天意印务有限责任公司
版　　次　2020 年 5 月第 1 版　2020 年 5 月第 1 次印刷
开　　本　787 毫米×1092 毫米　1/16　印　张　14
字　　数　330 千字
印　　数　1～2000 册
定　　价　35.00 元
ISBN 978-7-5606-5636-6 / TM
XDUP 5938001-1

如有印装问题可调换

前　言

可编程控制器(PLC)是一种新型的具有极高可靠性的通用工业自动化控制装置，以微处理器为核心，有机地将微型计算机技术、自动化控制技术及通信技术融为一体。PLC 具有控制能力强、可靠性高、配置灵活、编程简单、使用方便、易于扩展等优点，是当今及今后工业控制的主要手段和重要的自动化控制设备。到目前为止，无论是从可靠性还是从应用领域的广度和深度上，还没有任何一种控制设备能够与 PLC 相媲美。

近年来，德国西门子(SIEMENS)公司的 SIMATIC-S7 系列 PLC 在我国已广泛应用于各行各业的生产过程的自动控制中。为大力普及 S7 系列 PLC 的应用，我们推出了一系列针对大学的 PLC 实验和实训项目。这些实验和实训大多采用实物模型，直观生动，为学生提供了一些有较大工作量的、接近实际应用的课程设计项目，为对学生进行可编程控制器系统设计、方案论证、软件编程、现场调试等诸多方面能力的培养、训练提供了极好的条件。

本书分为三个部分：第一部分为基础篇，主要基于 S7-200 PLC 的相关实验内容展开，西门子 200 系列是基础入门款 PLC，适合 PLC 初学者学习使用；第二部分为提高篇，主要基于 S7-300 PLC 的相关实验内容展开，西门子 300 系列是提高款的入门级 PLC，适合 PLC 初级学习者提升学习使用；第三部分为应用篇，将跟 PLC 有关的变频器、触摸屏及过程控制系统集合在一起，整合了 PLC 各种应用，适合 PLC 中级学习者学习使用，这部分内容是本书的亮点。

本书由教学经验丰富的教师团队编写，宋晓晶、杨海亮、李正强担任主编，贾茜茜、常恩泽担任副主编。宋晓晶负责第二部分和附录 D 的编写；李正强负责第一部分的编写，杨海亮负责第三部分的编写；贾茜茜负责编写附录 A～C；常恩泽负责编写附录 E～G。

本书建议学时为 52～80 学时，根据专业不同，分配如下：

专业	第一部分	第二部分	第三部分	总计
自动化	20	28	32	80
电气	16	22	28	66
电力	16	20	16	52
电控	16	20	16	52

由于编者水平有限，书中难免存在不妥之处，恳切希望广大读者批评指正。

编　者

2019 年 10 月

目　　录

第一部分 基 础 篇

PLC 控制系统设计是自动化类专业的主干技术基础课程。本部分为 PLC 控制系统设计的基础实验，是理论联系实际、学好学会 PLC 控制系统设计的十分重要的环节。

1.1 PLC 软硬件认识实验

一、PLC 硬件系统介绍

西门子 SIMATIC S7-200 系列小型 PLC(Micro PLC)可应用于各种自动化系统。紧凑的结构、低廉的成本以及功能强大的指令使得 S7-200 PLC 成为各种小型控制任务理想的解决方案。S7-200 产品的多样化以及基于 Windows 的编程工具，使得使用者能够更加灵活地完成自动化任务。

S7-200 功能强，体积小，使用交流电源可在 85～265 V 范围内变动，机内还设有供输入用的 DC-24V 电源。可编程序控制器(Programmable Logic Controller，PLC)在进行生产控制或实验时，都要求将用户程序的编码表送入 PLC 的程序存储器，运行时 PLC 根据检测到的输入信号和程序进行运算判断，然后通过输出电路去控制对象。因此，典型的 PLC 系统由输入/输出(I/O)接口、PLC 主机和通信口三部分组成。

在我们的实验装置中，选用的 PLC 主机是 SIMATIC S7-200 CPU 226 CN，有 24 个输入点和 16 个输出点，可采用语句表(STL)和梯形图两种编程方式。PLC 主机实物图如图 1.1 所示，PLC 主机面板框图如图 1.2 所示。

图 1.1 PLC 主机实物图

PLC 主机状态有三个指示灯：

SF/DIAG：系统错误，当出现错误时点亮(红色)；

RUN：运行，绿色，连续点亮；

STOP：停止，橙色，连续点亮。

PLC 主机可选卡插槽有 EEPROM 卡、时钟卡和电池卡三种。

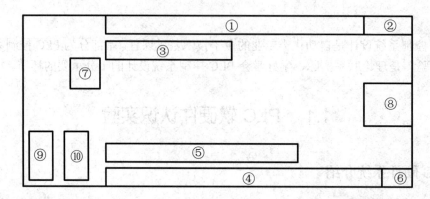

①—输出接线端；②—PLC 电源；③—输出端口状态指示；④—输入接线端；

⑤—输入端口状态指示；⑥—24 V DC 传感器输出；⑦—主机状态指示及可选卡插槽；

⑧—模式选择开关(运行、停止)、模拟电位器、I/O 扩展端口；⑨—通信口 1；⑩—通信口 0

图 1.2   PLC 主机面板框图

二、PLC 软件系统介绍

PLC 软件系统通常采用微型计算机作为编程装置。首先安装 SIEMENS 公司的 PLC 编译调试软件 STEP 7-Micro/WIN V4.0，用专用的编程电缆将电脑的 RS232 串口和 PLC 主机的编程接口 PORT 0 连接起来，然后运行 Micro/WIN V4.0，即可将 PLC 程序的编码表下载至 PLC 的存储器中，接着运行程序，即可进行各种控制实验。

下面介绍 Micro/WIN V4.0 应用软件的安装与使用。

1. 软件的安装

(1) 在安装光盘中的 Micro/WIN V4.0 目录下找到 Setup.exe 文件，运行 Setup.exe，开始安装。按照安装向导完成整个安装过程。

(2) 安装完成后，在桌面上会创建一个快捷方式。

2. 软件的使用说明

(1) 双击桌面上的STEP 7-Micro/WIN V4.0 SP3 或者STEP7-Micro/WIN V4.0 SP6 图标，打开编辑窗口，如图 1.3 所示。

(2) 从文件菜单中单击"新建"命令，单击"查看"，选择梯形图方式编程，如图 1.4 所示；也可以选择其他编程方式输入程序，选择完毕后保存为"*.MWP"项目文件。

(3) 单击编辑窗口左边项目下的 CPU，单击右键选择"类型"项(或者双击此处)，选择 CPU 的类型和版本，此处选择"CPU 226 CN"，如图 1.5 所示。

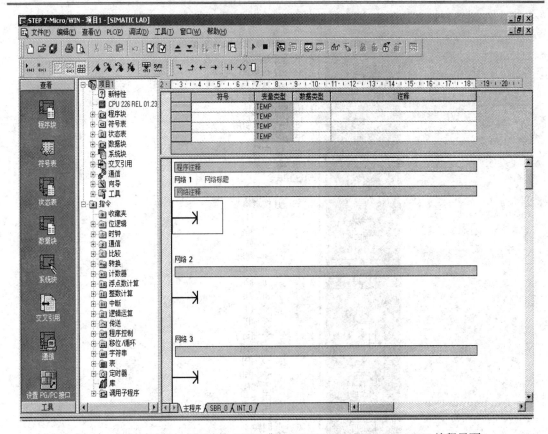

图 1.3 STEP 7-Micro/WIN V4.0 SP3 或者 STEP 7-Micro/WIN V4.0 SP6 编程界面

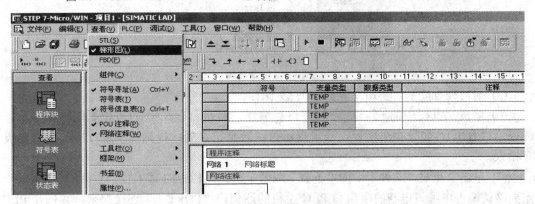

图 1.4 选择梯形图方式编程

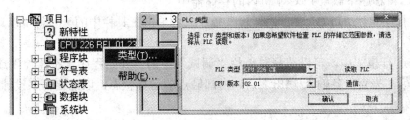

图 1.5 CPU 选择

(4) 在编辑窗口左边的指令栏中选择合适的指令编写程序，如图 1.6 所示。

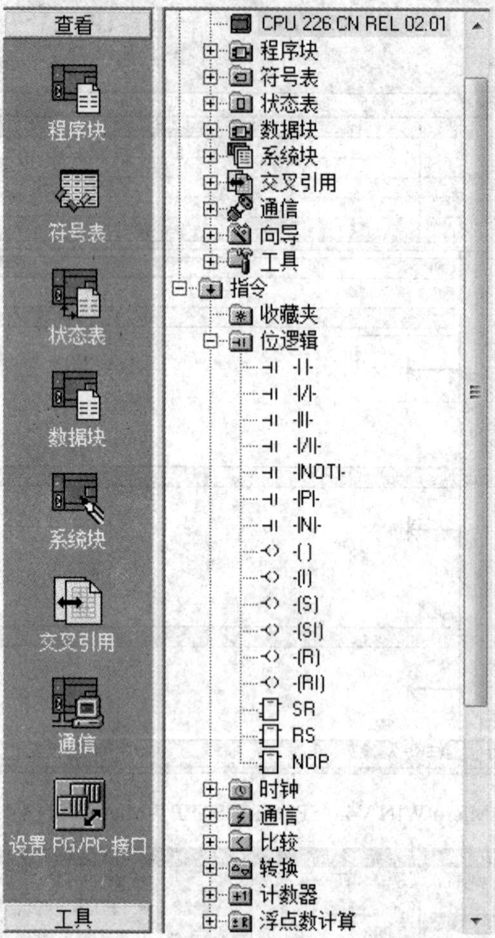

图 1.6　指令选择

(5) 编写完程序后，单击工具栏中的 🖫 保存。

(6) 单击工具栏中的 ☑，先对程序进行编译，看是否存在错误(可根据编辑窗口下方的提示栏看出)，如果存在错误，双击提示可跳转至错误处，根据提示进行更改，直至没有错误。

(7) 单击菜单栏"文件"中的"下载"或者单击工具栏中的 ▼(在做这步工作之前，一定要确认编程电缆将电脑的串口和 PLC 主机的通信口"PORT 0"连接起来，并打开 PLC 主机电源)，将程序下载至 PLC 主机内的存储器中。

(8) 选择菜单栏"PLC"中的"运行"命令或者单击工具栏中的 ▶，就可以运行刚刚建立的程序了。

(9) 在运行模式中，可以选择菜单栏"调试"中的"开始程序状态监控"或者单击工具栏中的 🖳，来查看各输入/输出端口、内部触点的运行状态，以确定程序设计是否正确，提高调试效率。

以上是 S7-200PLC 编程软件 STEP 7-Micro/WIN V4.0 的快速使用指南。如想深入了解该软件的其他功能，可以参阅帮助菜单下的帮助文档，其中有更详细的说明。

三、自动车库门控制

1. 实验仪器和设备

西门子 CPU 226 CN	1 台	西门子 PC/PPI 通信电缆	1 根
计算机	1 台	自动车库实验模板	1 块
导线	若干		

2. 实验控制要求和 I/O 分配

自动车库门控制示意图,如图 1.7 所示。

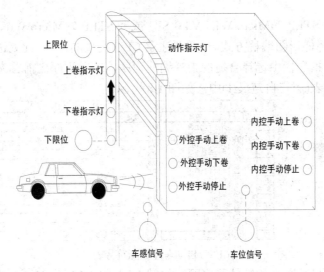

图 1.7　自动车库控制示意图

1) 控制要求

初始状态:车库门上卷指示灯、车库门下卷指示灯、车库门动作指示灯均为 OFF;车感信号、车位信号、上限位和下限位均为 OFF。

(1) 当车感信号接收到汽车车灯的闪光信号后,车库门自动上卷(上卷指示灯为 ON),且车库门上卷过程中动作指示灯保持 ON 状态,到达上限位时,车库门停止上卷(上卷指示灯为 OFF),同时动作指示灯灭。

(2) 当车开进车库,到达车位信号时,车位信号指示灯为 ON(灯亮),15 s 后车库门下卷关闭(下卷指示灯为 ON),同时车库门下卷过程中动作指示灯保持 ON 状态,到达下限位时,车库门停止下卷(下卷指示灯为 OFF),同时动作指示灯灭。

(3) 车库门内外设有内控按钮:内控手动上卷、内控手动下卷、内控手动停止和外控按钮外控手动上卷、外控手动下卷、外控手动停止,可以分别在车库内外以手动的方式打开和关闭车库门,并可随时停止。动作时的效果和自动控制时相同。

2) I/O 分配

输入地址		输出地址	
外控手动上卷门(SB1)	I0.0	车库门上卷(Y1)	Q0.0
外控手动下卷门(SB2)	I0.1	车库门下卷(Y2)	Q0.1

外控手动停止(SB3)　　I0.2　　动作指示(Y3)　　Q0.2
内控手动上卷门(SB4)　　I0.3
内控手动下卷门(SB5)　　I0.4
内控手动停止(SB6)　　I0.5
车感信号(X1)　　I0.6
车位信号(X2)　　I0.7
下限位(X3)　　I1.0
上限位(X4)　　I1.1

3. 编写程序

双击桌面上的 STEP 7-Micro/WIN V4.0 SP3 或者 STEP 7-Micro/WIN V4.0 SP6 图标，打开编辑窗口，选择梯形图编程方式。一定要注意 CPU 类型的选择，此处选择 CPU 226 CN。在编辑窗口左边的指令栏中选择合适的指令编写程序，编写程序之前首先将 I/O 分配的地址填入软件的符号表(用户自定义 1)中，如图 1.8 所示。

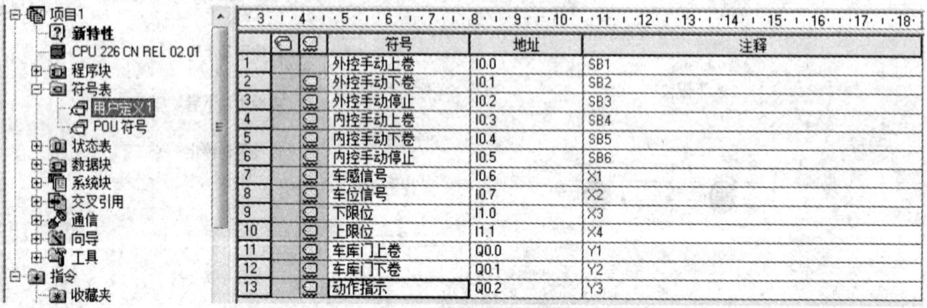

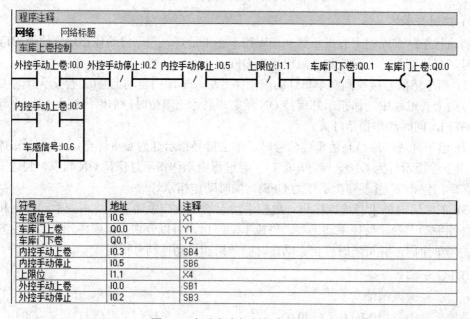

图 1.8　自动车库控制符号表

在编程软件上自动车库控制的程序网络如图 1.9～图 1.12 所示。

符号	地址	注释
车感信号	I0.6	X1
车库门上卷	Q0.0	Y1
车库门下卷	Q0.1	Y2
内控手动上卷	I0.3	SB4
内控手动停止	I0.5	SB6
上限位	I1.1	X4
外控手动上卷	I0.0	SB1
外控手动停止	I0.2	SB3

图 1.9　自动车库控制程序网络 1

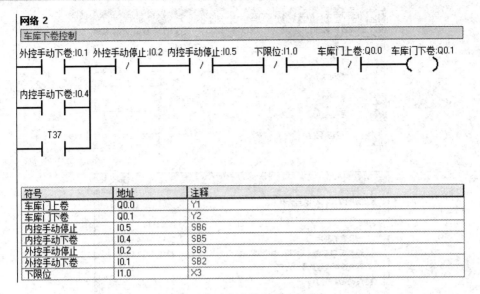

图 1.10   自动车库控制程序网络 2

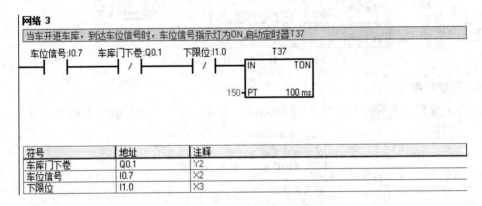

图 1.11   自动车库控制程序网络 3

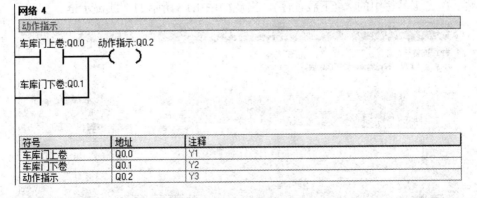

图 1.12   自动车库控制程序网络 4

编写完程序后，单击工具栏中的 ▣ (保存)。如果已经编辑好程序，可以通过菜单栏中的文件选项将其打开，如图 1.13 所示。

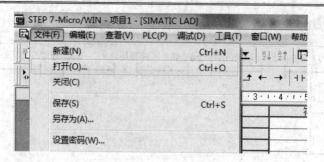

图 1.13　打开自动化车库门程序

4. 下载程序

单击工具栏中的 ☑，先对程序进行编译，看是否存在错误，如图 1.14 所示。

> 正在编译系统块…
> 已编译的块有 0 个错误，0 个警告
>
> 总错误数目：0

图 1.14　编译窗口提示栏

然后单击工具栏中的 ✦ (下载程序)，出现如图 1.15 所示的下载提示框。

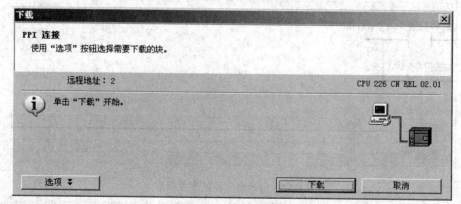

图 1.15　下载提示框

单击"下载"，将程序下载到 PLC 中，如图 1.16 所示。

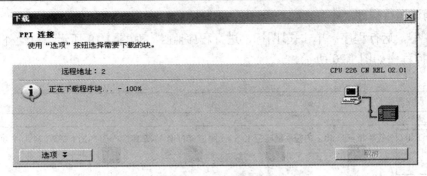

图 1.16 下载完成提示

如果出现通信故障，导致无法正常下载，可以检查以下几方面的步骤检查。

(1) PC/PPI 电缆是否已经连接上，并且连接正确。

(2) 单击"通信"，看各设置参数是否符合要求，双击"刷新"，读取 CPU 型号和地址，如图 1.17 所示。

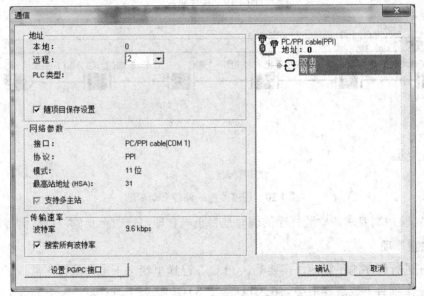

图 1.17 查看通信面板

(3) 单击查看"设置 PC/PG 接口"，选择合适的通信方式，单击"属性"，根据系统要求设置各参数，如图 1.18 所示。

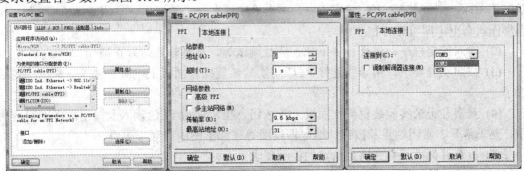

图 1.18 通信设置

5. 调试运行程序

单击 ▶，运行程序；单击 ⏷ 图标，进行程序监控，如图 1.19 所示。启动外控手动按钮后，监控程序如图 1.20 所示。

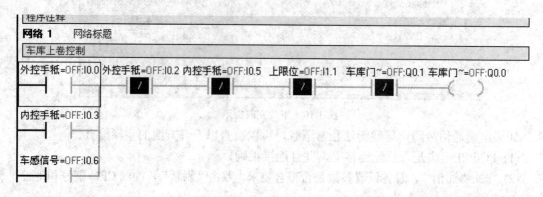

图 1.19　程序监控

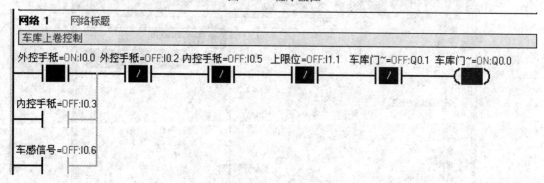

图 1.20　程序监控—外控手动启动

根据实验控制要求，检验程序的编写是否正确合理，修改至正确，以达到控制要求。

6. 注意事项

(1) 在进行程序的下载前，需要确认 PLC 在已送电状态下工作是否正常；

(2) 整个项目下载过程中必须在 CPU 处于 STOP 状态下进行。

7. 考核内容

(1) 接通电源。启动微型计算机，在桌面上找到 STEP 7-Micro/WIN V4.0 对应的图标，双击该图标，则进入 S7-200 编程环境，单击"项目"→"类型"→"CPU 226 CN"，在梯形图状态下，即可进行程序编写。

(2) 输入给定程序，进行程序下载、运行调试等，直到软件运行正确。

(3) 按照实验要求，用导线连接 PLC 与实验装置操作面板上电源、输入、输出的对应端子。

(4) 观察并记录实验装置操作面板上各按钮、指示灯与 PLC 输入及输出端子的对应关系。熟悉常开、常闭触点及按钮、继电器线圈等在梯形图中的对应关系。

(5) 检查并调试，直到满足给定的控制要求。

(6) 完成实验报告。

1.2 电机正反转控制实验

一、控制要求分析

用图 1.21 所示实验设备搭接一个直流电机正反转的控制线路，实现直流电机的启动、停止和正反转控制，并且可以在任意时刻启停电机。电机正反转控制原理图如图 1.22 所示。

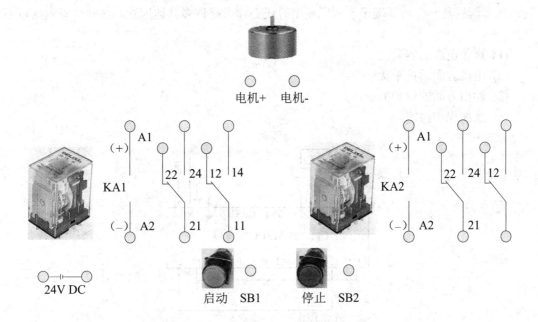

图 1.21 电机正反转面板端子图

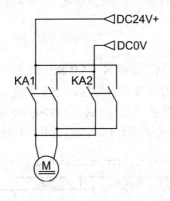

图 1.22 电机正反转系统原理图

二、硬件选型及 I/O 分配

在我们的实验装置中，选用的 PLC 主机是 SIMATIC S7-200 CPU 226 CN。

根据控制系统的输入、输出信号，进行 I/O 地址分配。

输入地址		输出地址	
正反转启动按钮(SB1)	I0.0	电机正转(电机+)	Q0.0
正反转停止按钮(SB2)	I0.1	电机反转(电机−)	Q0.1

三、电气控制接线图

如图 1.23 所示为 PLC 及扩展模块外围接线图，启动时，按下启动按钮 I0.0 为 1，电机开始按照程序设定的方式先正转，然后再反转，直到按下停止按钮 I0.1 为 1，电机才停止转动。本例只是一个教学例子，实际使用时还必须考虑许多其他因素。这些因素包括以下几点：

(1) 直流电源的容量；

(2) 电源方面的抗干扰措施；

(3) 输出方面的保护措施；

(4) 系统保护措施。

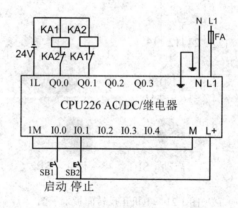

图 1.23　电机正反转电气控制接线图

四、梯形图程序编写

(1) 双击桌面上的 STEP 7-Micro/WIN V4.0 SP3 或者 STEP 7-Micro/WIN V4.0 SP6 图标，打开编辑窗口，选择梯形图的方式来编程，一定要注意 CPU 类型的选择，此处选择 CPU 226 CN。在编辑窗口左边的指令栏中选择合适的指令编写程序，编写程序之前首先将 I/O 分配的地址写在软件中的符号表(用户自定义 1)中，如图 1.24 所示。

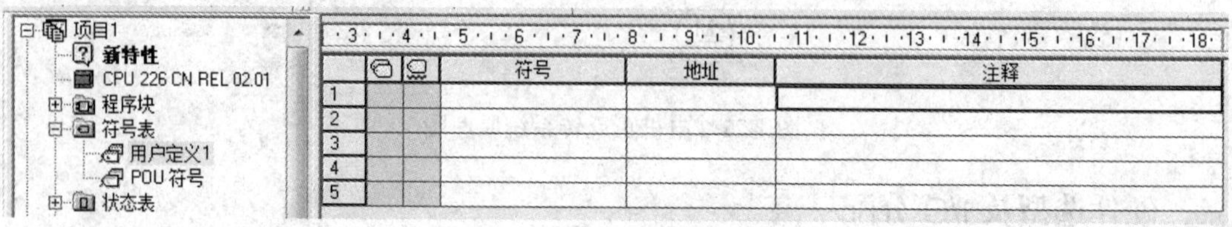

图 1.24　自动车库控制符号表

然后在程序块部分编写相应的程序，如图 1.25 所示。

图 1.25　程序块

(2) 编写完程序后，单击工具栏中的 ▣ (保存)。如果已经编辑好程序，可以通过菜单栏中文件选项打开。然后单击工具栏中的 ☑，先对程序进行编译，看是否存在错误，如果存在错误，则进行修改，直到无误后，单击工具栏中的 ≚ (下载程序)，将编译好的程序下载到 PLC 中。如果出现通信故障，导致无法正常下载，则按照 1.1 节中的方法进行处理。

(3) 调试运行程序：单击 ▶ ，运行程序；单击 ▦ 图标，进行程序监控。根据实验控制要求，检验程序的编写是否正确合理，修改至正确，以达到控制要求。

(4) 注意事项。

① 在进行程序的下载前，需要确认 PLC 在已送电状态下工作是否正常；

② 整个项目下载过程中必须在 CPU 处于 STOP 状态下进行。

(5) 考核内容。

① 接通电源。启动微型计算机，在桌面上找到 STEP 7-Micro/WIN V4.0 对应的图标，双击该图标，则进入 S7-200 编程环境，单击"项目"→"类型"→" CPU 226 CN"。在梯形图状态下，即可进行程序编写，并进行程序下载、运行调试等，直到软件运行正确。

② 按照实验要求，用导线连接 PLC 与实验装置操作面板上电源、输入、输出的对应端子。

③ 观察并记录实验装置操作面板上各按钮、指示灯与 PLC 输入及输出端子的对应关系。熟悉常开、常闭触点及按钮、继电器线圈等在梯形图中的对应关系。

④ 检查并调试，直到满足给定的控制要求。

⑤ 完成实验报告。

1.3　电动门控制实验

一、控制要求分析

图 1.26 所示是电动门控制示意图。

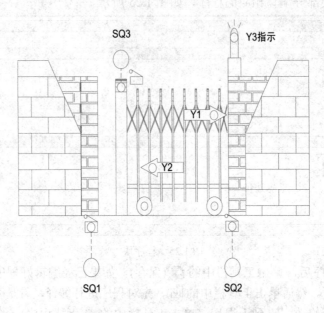

图 1.26　电动门控制示意图

具体控制要求如下：

(1) 初始状态：SQ1、SQ2、SQ3 均为 OFF；Y1、Y2、Y3 均为 OFF。

(2) 开关 SB1 合上，5 s 后，电动门开始执行打开动作，同时 Y1 灯亮，直至门开到位 SQ2 为 ON，停止打开动作，同时 Y1 灯灭。

(3) 开关 SB2 合上 5 s 后，电动门开始执行关闭动作，同时 Y2 灯亮，直至门关到位 SQ1 为 ON，停止关闭动作，同时 Y2 灯灭。

(4) 在自动门开关过程中，若合上 SB3，则自动门暂时停止动作；若断开 SB3，则自动门继续执行相应的开关动作。

(5) 在自动门关闭的过程中，如果夹到物体，则触发行程开关 SQ3，自动门停止关闭动作，直到 SQ3 触发取消，自动门继续关闭动作。

(6) 在自动门开关过程中，Y3 指示灯保持闪烁，以提示门处于开关状态。

二、硬件选型及 I/O 分配

在我们的实验装置中，选用的 PLC 主机是 SIMATIC S7-200 CPU 226 CN。根据控制系统的输入、输出信号，进行 I/O 地址分配，读者也可以自行分配 I/O。

输入地址		输出地址	
开门信号(SB1)	I0.0	自动门开(Y1)	Q0.0
关门信号(SB2)	I0.1	自动门关(Y2)	Q0.1
暂停信号(SB3)	I0.2	自动门动作指示(Y3)	Q0.2
自动门关到位(SQ1)	I0.3		
自动门开到位(SQ2)	I0.4		
暂停位(SQ3)	I0.5		

三、电气控制接线图

如图 1.27 所示为 PLC 及扩展模块外围接线图，工作时通过设定的程序及操作，即可按照规定的程序运行。

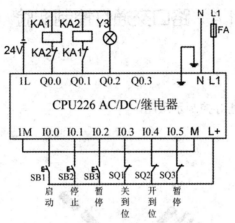

图 1.27　电动门电气控制接线图

四、梯形图程序编写

(1) 双击桌面上的 STEP 7-Micro/WIN V4.0 SP3 或者 STEP 7-Micro/WIN V4.0 SP6 图标，打开编辑窗口，选择梯形图的方式来编程，一定要注意 CPU 类型的选择，此处选择 CPU 226 CN。在编辑窗口左边的指令栏中选择合适的指令编写程序，编写程序之前首先将 I/O 分配的地址写在软件中的符号表(用户自定义 1)中，然后在程序块部分编写相应的程序。

(2) 编写完程序后，单击工具栏中的 (保存)。如果已经编辑好程序，可以通过菜单栏中的文件选项打开。然后单击工具栏中的 ，先对程序进行编译，看是否存在错误，如果存在错误，则进行修改，直到无误后，单击工具栏中的 (下载程序)，将编译好的程序下载到 PLC 中。如果出现通信故障，导致无法正常下载，则按照 1.1 节中的方法进行处理。

(3) 调试运行程序：单击 ，运行程序；单击 图标，进行程序监控，根据实验控制要求，检验程序的编写是否正确合理，修改至正确，以达到控制要求。

(4) 注意事项。

① 在进行程序的下载前，需要确认 PLC 在已送电状态下工作是否正常；

② 整个项目下载过程中必须在 CPU 处于 STOP 状态下进行。

(5) 考核内容。

① 接通电源。启动微型计算机，在桌面上找到 STEP 7-Micro/WIN V4.0 对应的图标，双击该图标，则进入 S7-200 编程环境，单击"项目"→"类型"→"CPU 226 CN"。在梯形图状态下，即可进行程序编写，并进行程序下载、运行调试等，直到软件运行正确。

② 按照实验要求，用导线连接 PLC 与实验装置操作面板上电源、输入、输出的对应端子。

③ 观察并记录实验装置操作面板上各按钮、指示灯与 PLC 输入及输出端子的对应关

系。熟悉常开、常闭触点及按钮、继电器线圈等在梯形图中的对应关系。

④ 检查并调试，直到满足给定的控制要求。

⑤ 完成实验报告。

1.4　路口交通灯控制实验

一、控制要求分析

图 1.28 所示是路口交通灯控制示意图。

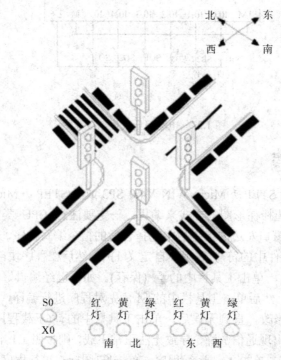

图 1.28　路口交通灯控制示意图

具体控制要求如下：

初始状态：所有红黄绿信号灯均为 OFF。

(1) 开关 S_0 合上后，信号灯系统开始工作，且先南北红灯亮，东西绿灯亮。

(2) 南北绿灯和东西绿灯不能同时亮。

(3) 南北红灯亮维持 20 s，在南北红灯亮的同时东西绿灯也亮，并维持 15 s；到 15 s 时，东西绿灯闪亮，闪亮 3 s 后熄灭；在东西绿灯熄灭时，东西黄灯亮，并维持 2 s；到 2 s 时，东西黄灯熄灭，东西红灯亮；同时，南北红灯熄灭，南北绿灯亮。

(4) 东西红灯亮维持 25 s，南北绿灯亮维持 20 s，然后闪亮 3 s，再熄灭；同时南北黄灯亮，维持 2 s 后熄灭，这时南北红灯亮，东西绿灯亮。

(5) 周而复始，开关 S_0 断开后，所有信号灯熄灭。

二、硬件选型及 I/O 分配

在我们的实验装置中，选用的 PLC 主机是 SIMATIC S7-200 CPU 226 CN。根据控制系统的输入、输出信号，进行 I/O 地址分配，读者也可以自行分配 I/O。

输入地址	输出地址	
启动开关(S_0)I0.0	南北红灯(Y1)	Q0.0
	南北绿灯(Y2)	Q0.1
	南北黄灯(Y3)	Q0.2
	东西红灯(Y4)	Q0.3
	东西绿灯(Y5)	Q0.4
	东西黄灯(Y6)	Q0.5

三、电气控制接线图

如图 1.29 所示为 PLC 及扩展模块外围接线图，工作时通过设定的程序及操作，即可按照规定的程序运行。

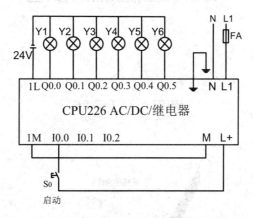

图 1.29　路口交通灯电气控制接线图

四、梯形图程序编写

(1) 双击桌面上的 STEP 7-Micro/WIN V4.0 SP3 或者 STEP 7-Micro/WIN V4.0 SP6 图标，打开编辑窗口，选择梯形图的方式来编程，一定要注意 CPU 类型的选择，此处选择 CPU 226 CN。在编辑窗口左边的指令栏中选择合适的指令编写程序，编写程序之前首先将 I/O 分配的地址填入软件的符号表(用户自定义 1)中，然后在程序块部分编写相应的程序。

(2) 编写完程序后，单击工具栏中的 🖫 (保存)。如果已经编辑好程序，可以通过菜单栏中的文件选项打开。然后单击工具栏中的 ☑，先对程序进行编译，看是否存在错误，如果存在错误，则进行修改，直到无误后，单击工具栏中的 ≚ (下载程序)，将编译好的程序下载到 PLC 中。如果出现通信故障，导致无法正常下载，则按照 1.1 节中的方法进行处理。

(3) 调试运行程序：单击 ▶，运行程序；单击 🔀 图标，进行程序监控，根据实验控制要求，检验程序的编写是否正确合理，修改至正确，以达到控制要求。

(4) 注意事项。

① 在进行程序的下载前，需要确认 PLC 在已送电状态下工作是否正常。

② 整个项目下载过程中必须在 CPU 处于 STOP 状态下进行。

(5) 考核内容。

① 接通电源。启动微型计算机，在桌面上找到 STEP 7-Micro/WIN V4.0 对应的图标，双击该图标，则进入 S7-200 编程环境，单击项目→类型→CPU 226 CN。在梯形图状态下，即可进行程序编写，并进行程序下载、运行调试等，直到软件运行正确。

② 按照实验要求，用导线连接 PLC 与实验装置操作面板上电源、输入、输出的对应端子。

③ 观察并记录实验装置操作面板上各按钮、指示灯与 PLC 输入及输出端子的对应关系。熟悉常开、常闭触点及按钮、继电器线圈等在梯形图中的对应关系。

④ 检查并调试，直到满足给定的控制要求。

⑤ 完成实验报告。

1.5　次品检测控制实验

一、控制要求分析

图 1.30 所示是次品检测控制示意图。

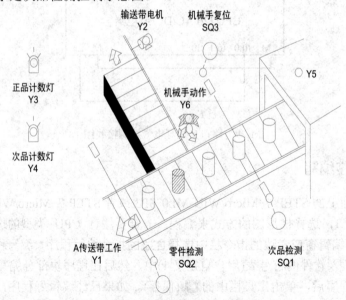

图 1.30　次品检测控制示意图

具体控制要求如下：

初始状态：SQ1、SQ2、SQ3 均为 OFF；Y1、Y2、Y3、Y4、Y5、Y6 均为 OFF。

(1) 开关 SB1 合上后，A 传送带工作(Y1 灯亮)，B 传送带工作(Y2 灯亮)。

(2) 当零件通过次品检测 SQ1 时，若为次品，拨动开关 SQ1 至 ON 状态，A 传送带停止(Y1 灯灭)，则次品计数灯 Y4 亮一下(0.5 s)，机械手动作(Y6 灯亮)，将次品夹起放到 B 传送带上运走；将 SQ1 拨至 OFF 状态，后拨动开关 SQ3 将机械手复位，A 传送带继续工作(Y1 灯亮)。

(3) 经次品检测过的零件，通过零件检测 SQ2 时，每检测到一件(拨动开关 SQ2 至 ON 状态，然后再复位至 OFF 状态)，正品计数灯 Y3 亮一下。

(4) 开关 SB2 闭合后，当前所有动作停止，回到初始状态。

工作过程中，Y5 始终保持 ON 状态。

二、硬件选型及 I/O 分配

在我们的实验装置中，选用的 PLC 主机是 SIMATIC S7-200 CPU 226 CN。根据控制系统的输入、输出信号，进行 I/O 地址分配，读者也可以自行分配 I/O。

输入地址		输出地址	
启动按钮(SB1)	I0.0	A 传送带工作(Y1)	Q0.0
停止按钮(SB2)	I0.1	B 输送带工作(Y2)	Q0.1
次品检测(SQ1)	I0.2	正品计数灯(Y3)	Q0.2
零件检测(SQ2)	I0.3	次品计数灯(Y4)	Q0.3
机械手复位(SQ3)	I0.4	运行指示灯(Y5)	Q0.4
机械手动作(Y6)	Q0.5		

三、电气控制接线图

如图 1.31 所示为 PLC 及扩展模块外围接线图，工作时通过设定的程序及操作，即可按照规定的程序运行。

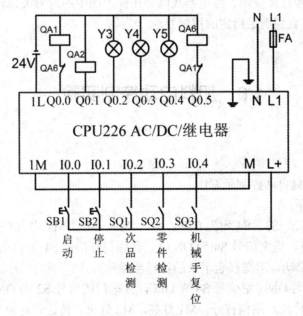

图 1.31 次品检测控制接线图

四、梯形图程序编写

(1) 双击桌面上的 STEP 7-Micro/WIN V4.0 SP3 或者 STEP 7-Micro/WIN V4.0 SP6 图标，打开编辑窗口，选择梯形图的方式来编程，一定要注意 CPU 类型的选择，此处选择 CPU 226 CN。在编辑窗口左边的指令栏中选择合适的指令编写程序，编写程序之前首先将 I/O 分配的地址填入软件的符号表(用户自定义 1)中，然后在程序块部分编写相应的程序。

(2) 编写完程序后，单击工具栏中的 ▨ (保存)。如果已经编辑好程序，可以通过菜单栏中的文件选项打开。然后单击工具栏中的 ▨，先对程序进行编译，看是否存在错误，如果存在错误，则进行修改，直到无误后，单击工具栏中的 ▴ (下载程序)，将编译好的程序下载到 PLC 中。如果出现通信故障，导致无法正常下载，则按照 1.1 节中的方法进行处理。

(3) 调试运行程序：单击 ▸，运行程序；单击 ▨ 图标，进行程序监控，根据实验控制要求，检验程序的编写是否正确合理，修改至正确，以达到控制要求。

(4) 注意事项。

① 在进行程序的下载前，需要确认 PLC 在已送电状态下工作是否正常；

② 整个项目下载过程中必须在 CPU 处于 STOP 状态下进行。

(5) 考核内容。

① 接通电源。启动微型计算机，在桌面上找到 STEP 7-Micro/WIN V4.0 对应的图标，双击该图标，则进入 S7-200 编程环境，单击"项目"→"类型"→" CPU 226 CN"。在梯形图状态下，即可进行程序编写，并进行程序下载、运行调试等，直到软件运行正确。

② 按照实验要求，用导线连接 PLC 与实验装置操作面板上电源、输入、输出的对应端子。

③ 观察并记录实验装置操作面板上各按钮、指示灯与 PLC 输入及输出端子的对应关系。熟悉常开、常闭触点及按钮、继电器线圈等在梯形图中的对应关系。

④ 检查并调试，直到满足给定的控制要求。

⑤ 完成实验报告。

1.6　加料自动控制实验

一、控制要求分析

图 1.32 所示是加料自动控制示意图。

具体控制要求如下：

初始状态：S1、S2、S3、S4 均为 OFF；M1、M2、M3、M4 均为 OFF。

(1) 启动开关 SB1，当空信号 S4 为 ON 时，且称门开信号 S1 为 ON，则闸门闭 M2 灯亮，传送带电机 M3 启动，运送料仓下来的物料至秤斗。

(2) 当满信号 S3 为 ON，空信号 S4 为 OFF，且称门闭信号 S2 为 ON，称门开信号 S1 为 OFF 时，电机 M3 停止，闸门打开，M1 灯亮，M2 灯灭，传送带电机 M4 启动，物料下落至传送带。

(3) 当物料完全下落至传送带，即空信号 S4 为 ON，满信号 S3 为 OFF，且称门开信号 S1 为 ON，称门闭信号 S2 为 OFF 时，闸门关闭(M2 灯亮，M1 灯灭)，延时 30 s，传送带电机 M4 停止。

开关 SB2 闭合，所有动作停止，回到初始状态。

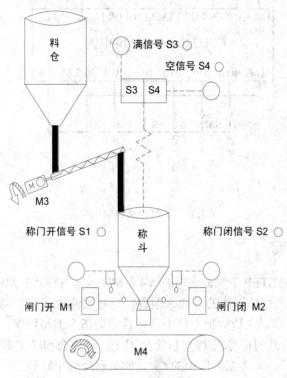

图 1.32　加料自动控制示意图

二、硬件选型及 I/O 分配

在我们的实验装置中，选用的 PLC 主机是 SIMATIC S7-200 CPU 226 CN。根据控制系统的输入、输出信号，进行 I/O 地址分配，读者也可以自行分配 I/O。

输入地址		输出地址	
启动开关(SB1)	I0.0	闸门开(M1)	Q0.0
停止开关(SB2)	I0.1	闸门闭(M2)	Q0.1
称门开信号(S1)	I0.2	传送带电机(M3)	Q0.2
称门闭信号(S2)	I0.3	传送带电机(M4)	Q0.3
满信号(S3)	I0.4		
空信号(S4)	I0.5		

三、电气控制接线图

如图 1.33 所示为 PLC 及扩展模块外围接线图，工作时通过设定的程序及操作，即可按照规定的程序运行。

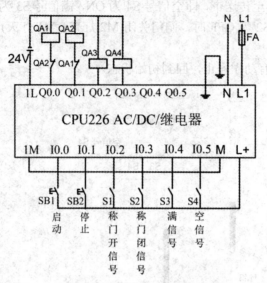

图 1.33　加料自动控制接线图

四、梯形图程序编写

(1) 双击桌面上的 STEP 7-Micro/WIN V4.0 SP3 或者 STEP 7-Micro/WIN V4.0 SP6 图标，打开编辑窗口，选择梯形图的方式来编程，一定要注意 CPU 类型的选择，此处选择 CPU 226 CN。在编辑窗口左边的指令栏中选择合适的指令编写程序，编写程序之前首先将 I/O 分配的地址填入软件的符号表(用户自定义 1)中，然后在程序块部分编写相应的程序。

(2) 编写完程序后，单击工具栏中的 🖿 。如果已经编辑好程序，可以通过菜单栏中的文件选项打开。然后单击工具栏中的 ☑，先对程序进行编译，看是否存在错误，如果存在错误，则进行修改，直到无误后，单击工具栏中的 ▣，将编译好的程序下载到 PLC 中。如果出现通信故障，导致无法正常下载，则按照 1.1 节中的方法进行处理。

(3) 调试运行程序：单击 ▶，运行程序；单击 🔛 图标，进行程序监控，根据实验控制要求，检验程序的编写是否正确合理，修改至正确，以达到控制要求。

(4) 注意事项。

① 在进行程序的下载前，需要确认 PLC 在已送电状态下工作是否正常；

② 整个项目下载过程中必须在 CPU 处在 STOP 状态下进行。

(5) 考核内容。

① 接通电源。启动微型计算机，在桌面上找到 STEP 7-Micro/WIN V4.0 对应的图标，双击该图标，则进入 S7-200 编程环境，单击"项目"→"类型"→" CPU 226 CN"。在梯形图状态下，即可进行程序编写，并进行程序下载、运行调试等，直到软件运行正确。

② 按照实验要求，用导线连接 PLC 与实验装置操作面板上电源、输入、输出的对应端子。

③ 观察并记录实验装置操作面板上各按钮、指示灯与 PLC 输入及输出端子的对应关系。熟悉常开、常闭触点及按钮、继电器线圈等在梯形图中的对应关系。

④ 检查并调试，直到满足给定的控制要求。

⑤ 完成实验报告。

1.7 洗衣机自动控制实验

一、控制要求分析

图 1.34 所示是洗衣机自动控制示意图。

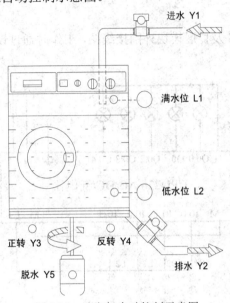

图 1.34　洗衣机自动控制示意图

具体控制要求如下：

初始状态：Y1、Y2、Y3、Y4、Y5 均为 OFF；L1、L2 均为 OFF。

(1) 开关 SB1 合上后，当高水位 L1 和低水位 L2 均为 OFF(灯灭)时，进水 Y1 灯亮，开始往洗衣机注水；当 L1 和 L2 均为 ON(灯亮)时，进水 Y1 为 OFF(灯灭)，停止进水；此时，洗衣机开始正转，正转 Y3 灯亮，正转 10 s 后，停止 5 s，洗衣机反转，反转 Y4 灯亮，反转 10 s 后，停止 5 s；如此洗衣机正反转三次，停止转动。

(2) 排水 Y2 灯亮，洗衣机排水；高水位 L1 和低水位 L2 均为 OFF(灯灭)时，排水 Y2 为 OFF，停止排水，洗衣机重复步骤(1)的操作；第二次排水后，当满水位 L1 和低水位 L2 均为 OFF(灯灭)时，排水 Y2 为 OFF，停止排水，洗衣机再次重复步骤(1)的操作。

(3) 第三次排水后，当满水位 L1 和低水位 L2 均为 OFF(灯灭)时，洗衣机开始脱水，脱水 Y5 灯亮，脱水 5 s 之后，脱水 Y5 为 OFF，脱水停止。

(4) 开关 SB2 合上后，停止当前操作，回到初始状态。

二、硬件选型及 I/O 分配

在我们的实验装置中，选用的 PLC 主机是 SIMATIC S7-200 CPU 226 CN。根据控制系统的输入、输出信号，进行 I/O 地址分配，读者也可以自行分配 I/O。

输入地址		输出地址	
启动开关(SB1)	I0.0	进水显示灯(Y1)	Q0.0
停止开关(SB2)	I0.1	排水显示灯(Y2)	Q0.1
满水位(L1)	I0.2	正转显示灯(Y3)	Q0.2
低水位(L2)	I0.3	反转显示灯(Y4)	Q0.3
脱水显示灯(Y5)	Q0.4		

三、电气控制接线图

如图 1.35 所示为 PLC 及扩展模块外围接线图,工作时通过设定的程序及操作,即可按照规定的程序运行。

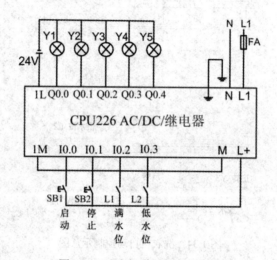

图 1.35　洗衣机自动控制接线图

四、梯形图程序编写

(1) 双击桌面上的 STEP 7-Micro/WIN V4.0 SP3 或者 STEP 7-Micro/WIN V4.0 SP6 图标,打开编辑窗口,选择梯形图的方式来编程,一定要注意 CPU 类型的选择,此处选择 CPU 226 CN。在编辑窗口左边的指令栏中选择合适的指令编写程序,编写程序之前首先将 I/O 分配的地址填入软件的符号表(用户自定义 1)中,然后在程序块部分编写相应的程序。

(2) 编写完程序后,单击工具栏中的 ▣ (保存)。如果已经编辑好程序,可以通过菜单栏中的文件选项打开。然后单击工具栏中的 ☑ ,先对程序进行编译,看是否存在错误,如果存在错误,则进行修改,直到无误后,单击工具栏中的 ⊻ (下载程序),将编译好的程序下载到 PLC 中。如果出现通信故障,导致无法正常下载,则按照 1.1 节中的方法进行处理。

(3) 调试运行程序:单击 ▶ ,运行程序;单击 🔀 图标,进行程序监控,根据实验控制要求,检验程序的编写是否正确合理,修改至正确,以达到控制要求。

(4) 注意事项。

① 在进行程序的下载前,需要确认 PLC 在已送电状态下工作是否正常;

② 整个项目下载过程中必须在 CPU 处于 STOP 状态下进行。

(5) 考核内容。

① 接通电源。启动微型计算机，在桌面上找到 STEP 7-Micro/WIN V4.0 对应的图标，双击该图标，则进入 S7-200 编程环境，单击项目→类型→CPU 226 CN。在梯形图状态下，即可进行程序编写，并进行程序下载、运行调试等，直到软件运行正确。

② 按照实验要求，用导线连接 PLC 与实验装置操作面板上电源、输入、输出的对应端子。

③ 观察并记录实验装置操作面板上各按钮、指示灯与 PLC 输入及输出端子的对应关系。熟悉常开、常闭触点及按钮、继电器线圈等在梯形图中的对应关系。

④ 检查并调试，直到满足给定的控制要求。

⑤ 完成实验报告。

1.8 模拟量基础控制实验

一、控制要求分析

图 1.36 所示是模拟量基础控制实验示意图。

图 1.36 模拟量基础控制示意图

具体控制要求如下：

实验中 CPU 226 CN 仅带一个模拟量扩展模块 EM 235，该模块的第一个通道连接一块带 4～20 mA 变送输出的温度显示仪表，该仪表的量程设置为 0℃～100℃，即 0℃时输出 4 mA，100℃时输出 20 mA。温度显示仪表的铂电阻输入端接入一个 220 Ω 可调电位器，编译并运行自己编写的程序，观察程序状态，模拟量输出即为显示的温度值，对照仪表显示值是否一致。

二、硬件选型及 I/O 分配

在我们的实验装置中，选用的 PLC 主机是 SIMATIC S7-200 CPU 226 CN 和模拟量扩展模块 EM235。EM235 它实现了 4 路模拟量输入和 1 路模拟量输出功能。

1. EM235 简介

(1) 模拟量扩展模块的接线方法。图 1.37 演示了模拟量扩展模块的接线方法，对于电压信号，按正、负极直接接入 X+ 和 X-；对于电流信号，将 RX 和 X+ 短接后接入电流输入信号的"+"端；未连接传感器的通道要将 X+ 和 X- 短接。

(2) EM235 的常用技术参数。对于某一模块，只能将输入端同时设置为一种量程和格式，即相同的输入量程和分辨率。表 1.1 列出了 EM235 的常用技术参数。

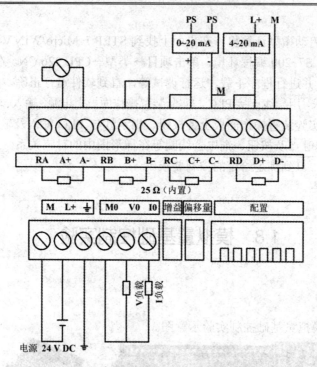

图 1.37　模拟量扩展模块接线图

表 1.1　EM235 的常用技术参数

模拟量输入特性	
模拟量输入点数	4
输入范围	电压(单极性)0~10 V　0~5 V　0~1 V　0~500 mV　0~100 mV　0~50 mV
	电压(双极性)±10 V ± 5 V　±2.5 V　±1 V　±500 mV　±250 mV　±100 mV ±50 mV ±25 mV
	电流 0~20 mA
数据字格式	双极性　全量程范围−32 000~+32 000
	单极性　全量程范围 0~32 000
分辨率	12 位 A/D 转换器
模拟量输出特性	
模拟量输出点数	1
信号范围	电压输出±10 V
	电流输出 0~20 mA
数据字格式	电压−32 000~+32 000
	电流 0~32 000
分辨率电流	电压 12 位
	电流 11 位

　　表 1.2 说明如何用 DIP 开关设置 EM235 扩展模块，开关 1~6 可选择输入模拟量的单/双极性、增益和衰减。

表 1.2 DIP 开关设置 EM235 扩展模块

EM235 开关						单/双极性选择	增益选择	衰减选择
SW1	SW2	SW3	SW4	SW5	SW6			
					ON	单极性		
					OFF	双极性		
			OFF	OFF			X1	
			OFF	ON			X10	
			ON	OFF			X100	
			ON	ON			无效	
ON	OFF	OFF						0.8
OFF	ON	OFF						0.4
OFF	OFF	ON						0.2

由表 1.2 可知，DIP 开关 SW6 决定模拟量输入的单双极性。当 SW6 为 ON 时，模拟量输入为单极性输入；SW6 为 OFF 时，模拟量输入为双极性输入。SW4 和 SW5 决定输入模拟量的增益选择，而 SW1、SW2、SW3 共同决定了模拟量的衰减选择。根据表 1.2 中 6 个 DIP 开关的功能进行排列组合，所有的输入设置如表 1.3 所示。

表 1.3 所有的输入设置列表

单极性						满量程输入	分辨率
SW1	SW2	SW3	SW4	SW5	SW6		
ON	OFF	OFF	ON	OFF	ON	0～50 mV	12.5 μV
OFF	ON	OFF	ON	OFF	ON	0～100 mV	25 μV
ON	OFF	OFF	OFF	ON	ON	0～500 mV	125 uA
OFF	ON	OFF	OFF	ON	ON	0～1 V	250 μV
ON	OFF	OFF	OFF	OFF	ON	0～5 V	1.25 mV
ON	OFF	OFF	OFF	OFF	ON	0～20 mA	5 μA
OFF	ON	OFF	OFF	OFF	ON	0～10 V	2.5 mV
双极性						满量程输入	分辨率
SW1	SW2	SW3	SW4	SW5	SW6		
ON	OFF	OFF	ON	OFF	OFF	±25 mV	12.5 μV
OFF	ON	OFF	ON	OFF	OFF	±50 mV	25 μV
OFF	OFF	ON	ON	OFF	OFF	±100 mV	50 μV
ON	OFF	OFF	OFF	ON	OFF	±250 mV	125 μV
OFF	ON	OFF	OFF	ON	OFF	±500	250 μV
OFF	OFF	ON	OFF	ON	OFF	±1 V	500 μV
ON	OFF	OFF	OFF	OFF	OFF	±2.5 V	1.25 mV
OFF	ON	OFF	OFF	OFF	OFF	±5 V	2.5 mV
OFF	OFF	ON	OFF	OFF	OFF	±10 V	5 mV

6 个 DIP 开关决定了所有的输入设置。也就是说开关的设置应用于整个模块，开关设置也只有在重新上电后才能生效。

(3) 数据字格式。图 1.38 给出了 12 位数据值在 CPU 的模拟量输入字中的位置。

由图 1.38 可见，模拟量到数字量转换器(ADC)的 12 位读数是左对齐的。最高有效位是符号位，0 表示正值。在单极性格式中，3 个连续的 0 使得模拟量到数字量转换器(ADC)每变化 1 个单位，数据字则以 8 个单位变化。在双极性格式中，4 个连续的 0 使得模拟量到数字量转换器每变化 1 个单位，数据字则以 16 为单位变化。

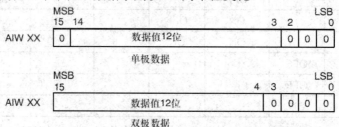

图 1.38   EM235 输入数据字格式

图 1.39 给出了 12 位数据值在 CPU 的模拟量输出字中的位置。

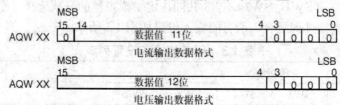

图 1.39   EM235 输出数据字格式

数字量到模拟量转换器(DAC)的 12 位读数在其输出格式中是左端对齐的，最高有效位是符号位，0 表示正值。

(4) 模拟量扩展模块的寻址。每个模拟量扩展模块，按扩展模块的先后顺序进行排序，其中，模拟量根据输入、输出不同分别排序。模拟量的数据格式为一个字长，所以地址必须从偶数字节开始。例如 AIW0、AIW2、AIW4……，AQW0、AQW2……每个模拟量扩展模块至少占两个通道，即使第一个模块只有一个输出 AQW0，第二个模块模拟量输出地址也应从 AQW4 开始寻址，以此类推。

(5) 模拟量值和 A/D 转换值的转换。假设模拟量的标准电信号是 A0～Am(如 4～20 mA)，A/D 转换后数值为 D0～Dm(如 6 400～32 000)，设模拟量的标准电信号是 A，A/D 转换后的相应数值为 D，由于是线性关系，函数关系 A = f(D)可以表示为数学方程：

$$A = \frac{(D - D0) \times (Am - A0)}{Dm - D0} + A0$$

根据该方程式，可以方便地根据 D 值计算出 A 值。将该方程式逆变换，得出函数关系 D = f(A)，可以表示为数学方程：

$$D = \frac{(A - A0) \times (Dm - D0)}{Am - A0} + D0$$

具体举一个实例，以 S7-200 和 4～20 mA 为例，经 A/D 转换后，我们得到的数值是 6400～32 000，即 A0 = 4，Am = 20，D0 = 6400，Dm = 32 000，代入公式，得出：

$$A = \frac{(D-6400)\times(20-4)}{32\,000-6400}+4$$

假设该模拟量与 AIW0 对应，则当 AIW0 的值为 12 800 时，相应的模拟电信号是

$$\frac{6400\times16}{25\,600}+4=8\,\text{mA}\quad。$$

又如某温度传感器，$-10\sim60℃$ 与 $4\sim20$ mA 相对应，以 T 表示温度值，AIW0 为 PLC 模拟量采样值，则根据上式直接代入得出：

$$T = \frac{7\times(\text{AIW0}-6400)}{25\,600}-10$$

可以用 T 直接显示温度值。下面举例说明：

某压力变送器，当压力达到满量程 5 MPa 时，压力变送器的输出电流是 20 mA，AIW0 的数值是 32 000。可见，每毫安对应的 A/D 值为 32 000/20，测得当压力为 0.1 MPa 时，压力变送器的电流应为 4 mA，A/D 值为(32 000/20) × 4 = 6 400。由此得出，AIW0 的数值转换为实际压力值(单位为 kPa)的计算公式为

$$\text{VW0 的值} = \frac{(\text{AIW0 的值}-6400)\times(5000-100)}{32\,000-6400}+100\ (单位：kPa)$$

2. I/O 分配

根据控制系统的输入、输出信号，进行 I/O 地址分配，读者也可以自行分配 I/O。

输入地址		输出地址
启动开关(SB1)	I0.0	AQW0
停止开关(SB2)	I0.1	

三、电气控制接线图

如图 1.40 所示为 PLC 及扩展模块外围接线图，工作时通过设定的程序及操作，即可按照规定的程序运行。

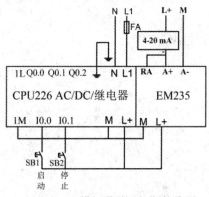

图 1.40 模拟量基础控制接线图

四、梯形图程序编写

(1) 双击桌面上的 STEP 7-Micro/WIN V4.0 SP3 或者 STEP 7-Micro/WIN V4.0 SP6 图

标，打开编辑窗口，选择梯形图的方式来编程，一定要注意 CPU 类型的选择，此处选择 CPU 226 CN。在编辑窗口左边的指令栏中选择合适的指令编写程序，编写程序之前首先将 I/O 分配的地址填入软件的符号表(用户自定义 1)中，然后在程序块部分编写相应的程序。

(2) 编写完程序后，单击工具栏中的 ▣ (保存)。如果已经编辑好程序，可以通过菜单栏中的文件选项打开。然后单击工具栏中的 ☑，先对程序进行编译，看是否存在错误，如果存在错误，则进行修改，直到无误后，单击工具栏中的 ▪(下载程序)，将编译好的程序下载到 PLC 中。如果出现通信故障，导致无法正常下载，则按照 1.1 节中的方法进行处理。

(3) 调试运行程序：单击 ▶，运行程序；单击 图标，进行程序监控，根据实验控制要求，检验程序的编写是否正确合理，修改至正确，以达到控制要求。

(4) 注意事项。

① 在进行程序的下载前，需要确认 PLC 在已送电状态下工作是否正常；

② 整个项目下载过程中必须在 CPU 处于 STOP 状态下进行。

(5) 考核内容。

① 接通电源。启动微型计算机，在桌面上找到 STEP 7-Micro/WIN V4.0 对应的图标，双击该图标，则进入 S7-200 编程环境，单击"项目"→"类型"→"CPU 226 CN"。在梯形图状态下，即可进行程序编写，并进行程序下载、运行调试等，直到软件运行正确。

② 按照实验要求，用导线连接 PLC 与实验装置操作面板上电源、输入、输出的对应端子。

③ 观察并记录实验装置操作面板上各按钮、指示灯与 PLC 输入及输出端子的对应关系。熟悉常开、常闭触点及按钮、继电器线圈等在梯形图中的对应关系。

④ 检查并调试，直到满足给定的控制要求。

⑤ 完成实验报告。

1.9　反应器液位控制实验

一、控制要求分析

图 1.41 所示是反应器液位控制示意图。

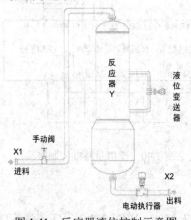

图 1.41　反应器液位控制示意图

1. 工艺流程

设反应器储满液体后体积为 70 m³、罐内底面积为 10 m²、反应器内的一个合理高度为 4 m。通过手动阀门调节物料进入反应器的流量，从而使反应器内液位改变，液位变送器检测反应器内液位高度，并将检测值传回 PLC 进行 PID 运算，然后将运算后的值输出，调节出料电动执行器的开度，从而改变出料流量，最终使反应器的液位高度维持在设定的高度值上。

2. 系统设定

本实验系统中，我们将进口流量变化范围设为 0～1 m³/s，出口流量设为 0～2 m³/s，反应器内液体体积变化范围为 0～100 m³。

3. 控制要求

在程序中将设定值设置为 4。正常的稳定状态时液位变送器输出表上指针位于 3 V 左右(信号范围为 1～5 V)。手动调节反应器液位控制模板上的电位器模拟手动阀门开大(其下方对应的开度表百分比上升)，此时液位变送器输出表指针向大于 3 V 方向移动，液位升高。为使液位稳定在设定值 4，PLC 程序中的 PID 模块将使输出值增大，即电动执行器开度增大，其对应开度表百分比上升，直至液位变送器输出表指针重新恢复到 3 V 左右，系统将维持现有状态继续运转；相反，手动调节反应器液位控制模板上的电位器模拟手动阀门开小(其下方对应的开度表百分比下降)，此时液位变送器输出表指针向小于 3 V 方向移动，液位下降。为使液位稳定在设定值 4，PLC 程序中的 PID 模块将使输出值减小，即电动执行器开度减小，其对应开度表百分比下降，直至液位变送器输出表指针重新回复到 3 V 左右，系统将维持现有状态继续运转。

可以通过改变液位高度设定值及增益等 PID 参数来观察体会不同的效果。

二、硬件选型及 I/O 分配

在我们的实验装置中，选用的 PLC 主机是 SIMATIC S7-200 CPU 226 CN 和模拟量扩展模块 EM235。根据控制系统的输入、输出信号，进行 I/O 地址分配，读者也可以自行分配 I/O。

输入地址		输出地址	
启动开关(SB1)	I0.0	电动执行器	Q0.0
停止开关(SB2)	I0.1	液位变送器	AIW0

三、电气控制接线图

如图 1.42 所示为 PLC 及扩展模块外围接线图，EM235 未连接传感器的通道要将 X+ 和 X- 短接。工作时通过设定的程序及操作，即可按照规定的程序运行。

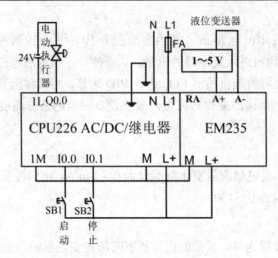

图 1.42　反应器液位控制接线图

四、梯形图程序编写

(1) 双击桌面上的 STEP 7-Micro/WIN V4.0 SP3 或者 STEP 7-Micro/WIN V4.0 SP6 图标，打开编辑窗口，选择梯形图的方式来编程，一定要注意 CPU 类型的选择，此处选择 CPU 226 CN。在编辑窗口左边的指令栏中选择合适的指令编写程序，编写程序之前首先将 I/O 分配的地址填入软件的符号表(用户自定义 1)中，然后在程序块部分编写相应的程序。

(2) 编写完程序后，单击工具栏中的 🖫 (保存)。如果已经编辑好程序，可以通过菜单栏中的文件选项打开。然后单击工具栏中的 🗹，先对程序进行编译，看是否存在错误，如果存在错误，则进行修改，直到无误后，单击工具栏中的 ≚ (下载程序)，将编译好的程序下载到 PLC 中。如果出现通信故障，导致无法正常下载，则按照 1.1 节中的方法进行处理。

(3) 调试运行程序：单击 ▶，运行程序；单击 🔛 图标，进行程序监控，根据实验控制要求，检验程序的编写是否正确合理，修改至正确，以达到控制要求。

(4) 注意事项。

① 在进行程序的下载前，需要确认 PLC 在已送电状态下工作是否正常；

② 整个项目下载过程中必须在 CPU 处于 STOP 状态下进行。

(5) 考核内容。

① 接通电源。启动微型计算机，在桌面上找到 STEP 7-Micro/WIN V4.0 对应的图标，双击该图标，则进入 S7-200 编程环境，单击"项目"→"类型"→" CPU 226 CN"。在梯形图状态下，即可进行程序编写，并进行程序下载、运行调试等，直到软件运行正确。

② 按照实验要求，用导线连接 PLC 与实验装置操作面板上电源、输入、输出的对应端子。

③ 观察并记录实验装置操作面板上各按钮、指示灯与 PLC 输入及输出端子的对应关系。熟悉常开、常闭触点及按钮、继电器线圈等在梯形图中的对应关系。

④ 检查并调试，直到满足给定的控制要求。

⑤ 完成实验报告。

1.10 废液中和分程控制实验

一、控制要求分析

图 1.43 所示是废液中和分程控制示意图。

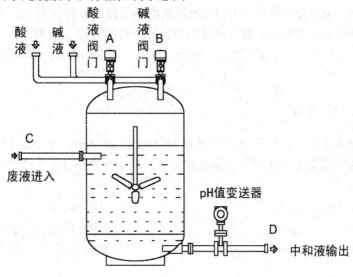

图 1.43 废液中和分程控制示意图

1. 实物工作原理

在工业生产中，例如在印染、造纸、醋酸乙烯等生产过程中，会产生很多废液，如果将其任意排入江河湖泊，将会对环境造成严重污染，并破坏生态环境。为此，必须对排污的废水进行处理，根据废液的酸碱度决定加酸或加碱。通常，废液的酸碱度都用 pH 值的大小来表示，当 pH 值 < 7 时，则废液为酸性；当 pH 值 > 7 时，则废液碱性；当 pH 值 = 7 时，则为中性。废液中和过程的控制任务就是要维持废液 pH 值在 7 附近。

2. 工艺流程

废液由左端进入处理罐。pH 值变送器对罐内液体进行检测。当 pH 值 < 7 时，废液呈酸性，于是分程控制 pH 调节器输出信号应使碱液阀门打开，加入适量碱液，使废液中和，此时酸液阀门关闭。相反，当 pH 值 > 7 时，废液呈碱性，此时，调节器输出信号控制酸液阀门打开，加入适当酸液，使废液中和，此时碱液阀门关闭。

3. 系统设定

本实验系统中，我们将酸液、碱液管口径设为 1，酸液 pH 值设为 1，碱液 pH 值设为 13，废液管口径设为 2。

4. 控制要求

在程序中将设定值设置为 7。正常状态时调节阀 A、B 开度均为 0(开度表指示在 0%位置)，pH 值变送输出表上指针位于 3 V 左右(信号范围为 1～5 V)。手动调节实验面板上的电位器，模拟废液输入时的 pH 值变化(本实验系统中，我们设定将数值调大会使 pH 值减小，将数值调小会使 pH 值增大)。调节废液 pH 值变小时，pH 值变送输出表指针向小于 3 V 方向移动，废液呈酸性，于是分程控制 pH 调节器的输出信号使调节阀 B 打开，B 开度表有显示。模拟加入适量碱液，直至 pH 值变送输出表指针重新回复到 3 V 左右，表示罐内废液呈中性，B 开度重新回到 0%，调节结束。整个过程中，调节阀 A 应一直关闭，即 A 开度表始终指向 0%；相反，调节废液 pH 值增大时，pH 值变送输出表指针向大于 3 V 方向移动，废液呈碱性，于是分程控制 pH 调节器的输出信号使调节阀 A 打开，A 开度表有显示。模拟加入适量酸液，直至 pH 值变送输出表指针重新回复到 3 V 左右，表示罐内废液呈中性，A 开度重新回到 0%，调节结束。整个过程中，调节阀 B 应一直关闭，即 B 开度表始终指向 0%。

二、硬件选型及 I/O 分配

在我们的实验装置中，选用的 PLC 主机是 SIMATIC S7-200 CPU 226 CN 和模拟量扩展模块 EM235。根据控制系统的输入、输出信号，进行 I/O 地址分配，读者也可以自行分配 I/O。

输入地址		输出地址	
启动开关(SB1)	I0.0	电动执行器	Q0.0
停止开关(SB2)	I0.1	PH 值变送器	AIW0

三、电气控制接线图

如图 1.44 所示为 PLC 及扩展模块外围接线图，EM235 未连接传感器的通道要将 X+和 X− 短接。工作时通过设定的程序及操作，即可按照规定的程序运行。

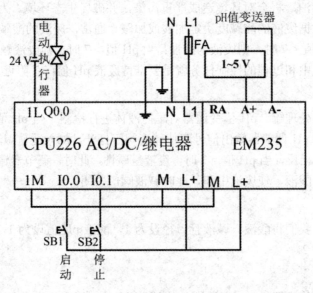

图 1.44　反应器液位控制接线图

四、梯形图程序编写

(1) 双击桌面上的 STEP 7-Micro/WIN V4.0 SP3 或者 STEP 7-Micro/WIN V4.0 SP6 图标，打开编辑窗口，选择梯形图的方式来编程，一定要注意 CPU 类型的选择，此处选择 CPU 226 CN。在编辑窗口左边的指令栏中选择合适的指令编写程序，编写程序之前首先将 I/O 分配的地址填入软件的符号表(用户自定义 1)中，然后在程序块部分编写相应的程序。

(2) 编写完程序后，单击工具栏中的 ▣ (保存)。如果已经编辑好程序，可以通过菜单栏中的文件选项打开。然后单击工具栏中的 ▣，先对程序进行编译，看是否存在错误，如果存在错误，则进行修改，直到无误后，单击工具栏中的 ∑ (下载程序)，将编译好的程序下载到 PLC 中。如果出现通信故障，导致无法正常下载，则按照 1.1 节中的方法进行处理。

(3) 调试运行程序：单击 ▶，运行程序；单击 ▦ 图标，进行程序监控，根据实验控制要求，检验程序的编写是否正确合理，修改至正确，以达到控制要求。

(4) 注意事项。

① 在进行程序的下载前，需要确认 PLC 在已送电状态下工作是否正常；

② 整个项目下载过程中必须在 CPU 处于 STOP 状态下进行。

(5) 考核内容。

① 接通电源。启动微型计算机，在桌面上找到 STEP 7-Micro/WIN V4.0 对应的图标，双击该图标，则进入 S7-200 编程环境，单击"项目"→"类型"→"CPU 226 CN"。在梯形图状态下，即可进行程序编写，并进行程序下载、运行调试等，直到软件运行正确。

② 按照实验要求，用导线连接 PLC 与实验装置操作面板上电源、输入、输出的对应端子。

③ 观察并记录实验装置操作面板上各按钮、指示灯与 PLC 输入及输出端子的对应关系。熟悉常开、常闭触点及按钮、继电器线圈等在梯形图中的对应关系。

④ 检查并调试，直到满足给定的控制要求。

⑤ 完成实验报告。

第二部分 提 高 篇

本部分主要以 S7-300 为研究对象，介绍它的硬件组态、主从站远程通信，提高解决现场实际控制问题的能力。

2.1 S7-300 PLC 硬件组态实训

一、实训目的

(1) 了解西门子 S7-300 硬件结构、系统组成。

(2) 学会使用 SIMATIC MANAGER 进行 S7-300 系列的硬件组态和下载。

(3) 学会 PC 与 PLC 之间的通信诊断。

二、硬件组成

(1) 西门子 CPU 313C-2DP：1 台。

(2) 西门子 PS 307：1 台。

(3) MPI 编程电缆：1 根。

(4) 工控机：1 台。

(5) SIMATIC STEPV 5.2 软件。

三、实训内容

1. 检查 S7-300 的硬件网络及组态是否正确并给系统送电

2. 通信设置

(1) 打开 SIMATIC STEP 7 软件。

(2) 单击 "Option" → "Set PG/PC Interface"，如图 2.1 所示。

(3) 进入 "Access Path" 窗口，如图 2.2 所示。

(4) 单击 "Select"，选择 "PC Adapter" → "Install"，如图 2.3 所示。

在 Access Path 窗口中，选择 Property→Location Connection，设置 COM1 的传输率为 19200，如图 2.4 所示。

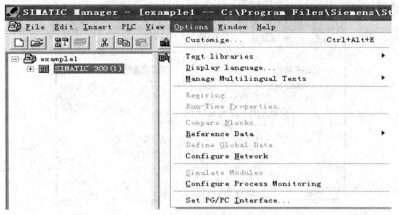

图 2.1 管理窗口

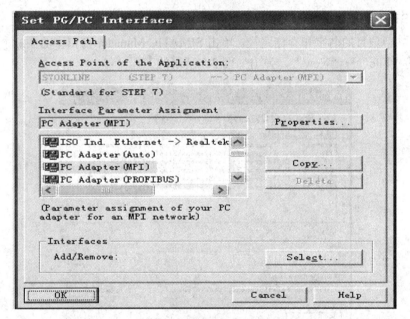

图 2.2 通信参数设置窗口

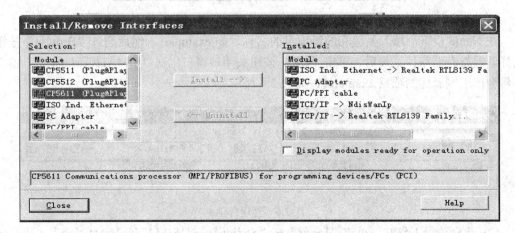

图 2.3 通信设备安装窗口

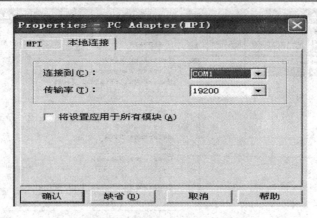

图 2.4　通信属性设置窗口

3. 在 STEP 7 软件的 SIMATIC Manager 中建立新项目

(1) 建立新项目的名字和存储路径。单击 SIMATIC Manager 窗口中的图标 或者单击工具栏上的"File"→"New"，弹出如图 2.5 所示的工程窗口。

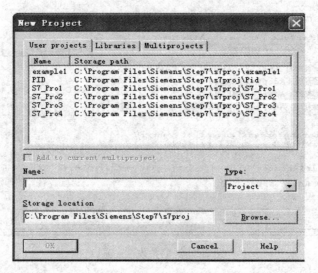

图 2.5　工程窗口

在 Name 栏下，填入要建立的新项目的名称，如 example1，然后通过"Browse"按钮选择新项目存储路径。最后，单击"OK"按钮关闭该窗口。在"SIMATIC Manager"窗口中将会出现刚新建的项目 example1，如图 2.6 所示。

图 2.6　管理窗口

(2) 建立项目工作站。单击"Insert"→"Station"→"SIMATIC 300 station"，建立一

个 S7-300 的工作站，如图 2.7 所示。

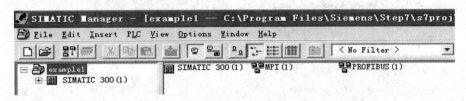

图 2.7　管理窗口

4. 在工作站的 Hardware 组态器中进行硬件组态

(1) 单击 SIMATIC Manager 界面的左边窗口的"SIMATIC 300 (1)"，在右边窗口中出现 Hardware 图标，如图 2.8 所示。

图 2.8　管理窗口

(2) 双击"Hardware"图标，打开 HW Configuration，在右边的产品目录窗口选择"SIMATIC 300"中的机架，双击"Rail"，将在右边的窗口中出现带槽位的机架示意，如图 2.9 所示。

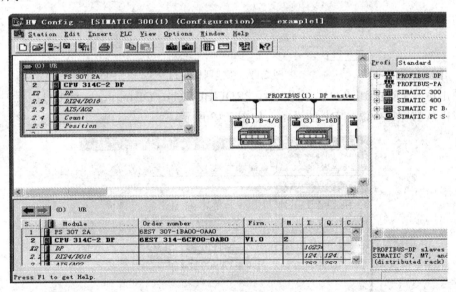

图 2.9　硬件组态窗口

在右边的目录窗口中选择相应的模块插入到(0)UR 的槽位中。各模块的订货号可查看硬件实物的下方标识。切记选中的模块号要与实际的模块号一致。槽位 1，插入电源模块 PS；槽位 2，插入 CPU；槽位 3，空白；槽位 4 及后面的槽位，如有扩展的 I/O 模块，插入的模块对应实际 I/O 模块的安装顺序。

插入 DP 总线。双击其中的"DP"，出现如图 2.10 所示的窗口。

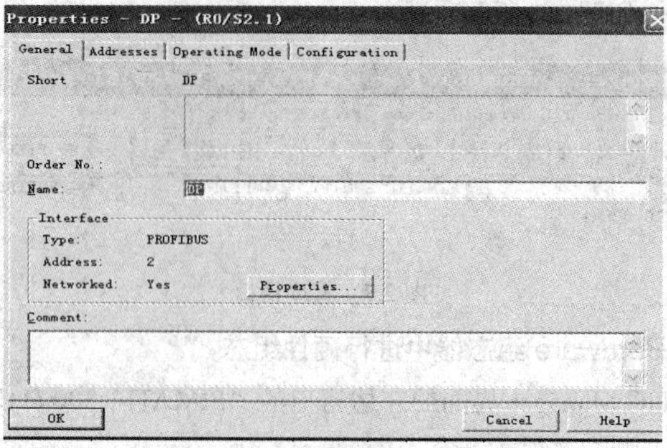

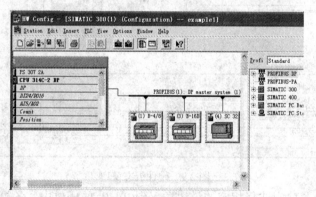

图 2.10　总线属性窗口

在图中输入 DP 的名字。单击 Properties，进入如图 2.11 所示的窗口，选择 New，则加入一个新的总线 PROFIBUS (1)。

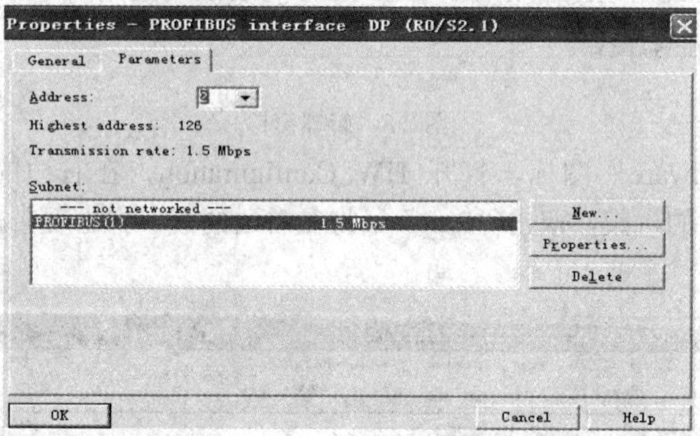

图 2.11　总线属性窗口

单击总线 PROFIBUS (1)，出现总线 PROFIBUS (1)：DP master system (1)，点中槽位，在槽位中从右窗口中添加 DP 的设备，如图 2.12 所示。

图 2.12　硬件组态窗口

5. 编译硬件组态，并下载到 CPU

单击窗口中的 图标，对刚刚完成的硬件组态进行编译。系统提示编译成功没有错误后，单击 图标将硬件的组态下载到 CPU 中。或者，在编译完成之后，关闭 HW

Configuration 窗口，返回到 SIMATIC Manager 窗口。单击 "SIMATIC 300 (1)" 图标，然后单击窗口的 ![] 图标，下载硬件，下载完成后，把 CPU 打到 RUN 的位置，绿灯闪几下后一直亮，代表下载成功。

6. 测试硬件组态

(1) 测试 DI 模块的通道。在 HW Configuration 窗口，单击 DI 卡所在的槽位，单击鼠标右键，选择右键菜单中的 "Monitor/Modify"，打开如图 2.13 所示的通道监控修改窗口。

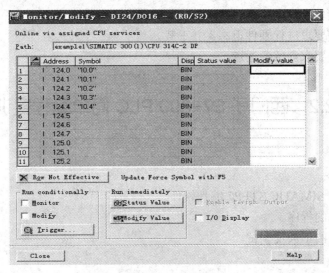

图 2.13　通道监控/修改窗口(1)

选中 "Monitor" 的复选框，就可以看到每个通道的状态，用导线把相应的输入端子连接时，该通道为 "1"，状态为绿色，模块上的灯也显示为绿色，否则，为 "0"，状态为灰色。

(2) 测试 DO 模块的通道。同理，打开 DO 卡的监控窗口，选中 Monitor 和 Modify 的复选框，通过改变各通道的 Modify Value 来观察状态。例如在 1 通道的 Modify Value 中写入 "1"，然后回车，1 通道的状态为绿色，硬件模块上的 1 通道显示灯亮，写入 "0"，状态为灰色，硬件模块上的灯灭，如图 2.14 所示。

图 2.14　通道监控/修改窗口(2)

测试 AI、AO 通道同上。

四、注意事项

(1) 在进行硬件组态时一定要确认各个通信口连接牢固。

(2) 在进行通道测试时，CPU 必须处在 RUN 状态。

五、考核内容

(1) 按照实验要求建立新项目。

(2) 按照实验要求进行硬件组态，并下载。

(3) 按照实验要求测试各通道。

2.2　西门子 S7-300 PLC 简单编程实训

一、实训目的

(1) 学会使用 SIMATIC STEP7 编程软件。

(2) 编制简单的程序。

(3) 学会程序的下载及调试。

二、硬件组成

(1) 西门子 CPU 313C-2DP：1 台。

(2) 西门子 PS 307：1 台。

(3) MPI 编程电缆：1 根。

(4) 工控机：1 台。

(5) SIMATIC STEPV5.2 软件。

三、实训内容

1. 示例工艺 1——小车的正反转控制及简单的加法运算

工艺描述：按下启动按钮，小车正向运动，遇到行程开关 1，小车反向运动，遇到行程开关 2，小车又正向运动，反复运行；热继电器动作，正反向运动都停止；按下停止按钮，正反向运动都停止，加法运算开始，并有输出显示。

根据工艺描述，其 I/O 分配表如表 2.1 所示。

表 2.1　小车正反转控制 I/O 分配表

符　号	地　址	说　明
I0.0	I 124.0	SB1(启动按钮)
I0.1	I 124.1	SB2(停止按钮)
I0.2	I 124.2	BG1(行程开关 1)

续表

符 号	地 址	说 明
I0.3	I 124.3	BG2(行程开关 2)
I0.4	I 124.4	FR(热继电器)
Q4.0	Q 124.0	KM1(正向接触器)
Q4.1	Q 124.1	KM2(反向接触器)
Q4.2	Q 124.2	运算输出

2. 在 2.1 节硬件组态的基础上编程

(1) 在 SYMOBLE 中编辑定义变量数据地址和说明。单击 SIMATIC Manager 窗口中的 example1 项目的左边窗口中的 S7 Program (1)，如图 2.15 所示。

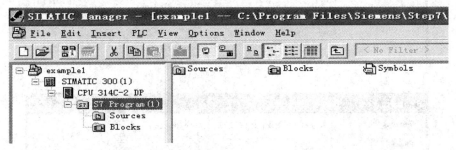

图 2.15　管理窗口

右边的窗口中出现 Sources、Blocks、Symbols 三个图标，双击 Symbols，编辑程序所需的全部的输入/输出相关的全局变量的数据类型和地址、数据块重命名以及说明，如图 2.16 所示。编辑完成后，关闭该窗口。

	Status	Symbol	Address	Data type	Comment
1		I0.0	I 124.0	BOOL	SB1(启动)
2		I0.1	I 124.1	BOOL	SB2（停止）
3		I0.2	I 124.2	BOOL	SQ1（左行程1）
4		I0.3	I 124.3	BOOL	SQ2（右行程2）
5		I0.4	I 124.4	BOOL	FR（热继电器）
6		MYDATA	DB 1	DB 1	
7		Q4.0	Q 124.0	BOOL	KM1(接触器)
8		Q4.1	Q 124.1	BOOL	KM2（接触器）
9		Q4.2	Q 124.2	BOOL	运算输出
10					

图 2.16　符号表窗口

(2) 在进行 OB1(主程序块，代表最高的编程层次，它负责组织 S7 程序中的其他块，一个程序必须有 OB1)的正式编程之前，需要建立用户数据存储块，定义一些在编程中用到的变量。在工作区单击右键，选择"Insert New Object"→"Data Block"，出现如图 2.17 所示的窗口。

在弹出的对话框中输入 Name 和 Symbolic Name，可以根据自己的习惯输入。这里输入 DB1 和 MYDATA，如图 2.18 所示。关闭该窗口，双击"DB1"，进入数据块编辑界面，根据需要输入一些变量，以便 OB1 主程序存储使用，如图 2.19 所示。

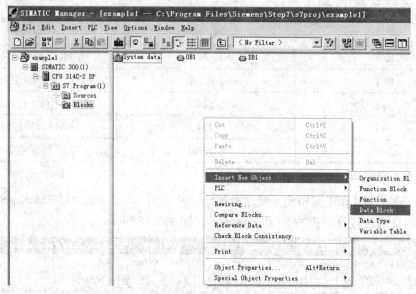

图 2.17 管理窗口

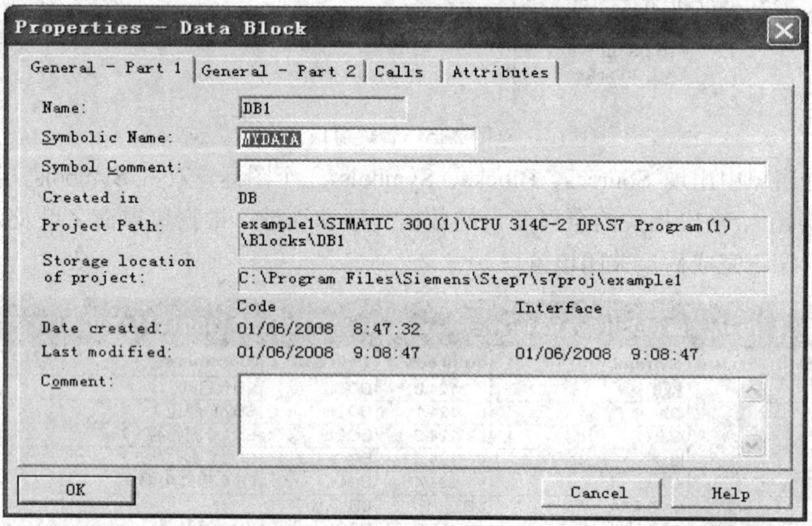

图 2.18 数据块属性窗口

Address	Name		Type	Initial value	Comment
0.0			STRUCT		
+0.0	M4		INT	0	
+2.0	M3		INT	0	
+4.0	M2		INT	0	
+6.0	m0		BOOL	FALSE	
=8.0			END_STRUCT		

图 2.19 数据块编辑界面

(3) 编辑主程序。返回工作区，双击 "OB1"，开始编辑主程序。单击 "View"，选择显示方式为 LAD，编程方法与 S7-200 相似，如图 2.20～图 2.22 所示。

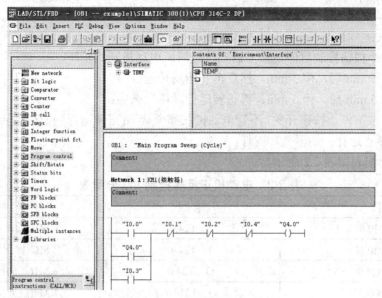

图 2.20　主程序编程界面

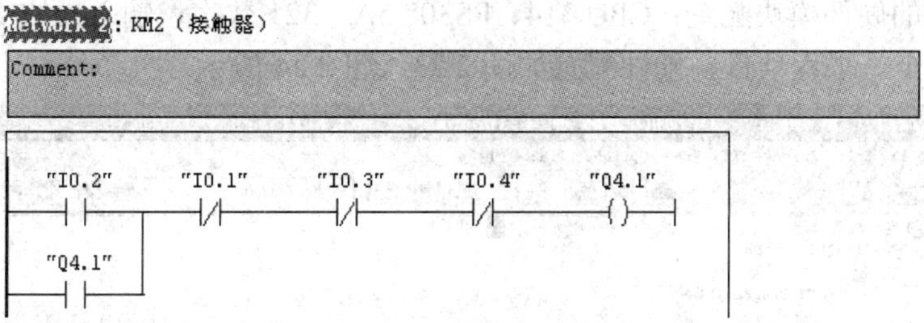

Network 2: KM2（接触器）

Comment:

图 2.21　主程序编程界面

Network 3: 运算输出

Comment:

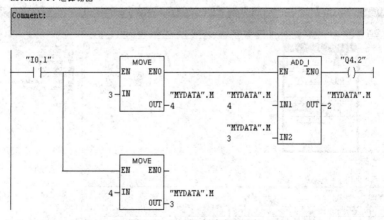

图 2.22　主程序编程界面

保存并关闭"OB1"的编辑窗口。

(4) 将程序下载到 CPU。确认 CPU 的开关处于 STOP 状态。在"SIMATIC Manager"窗口中，选中"SIMATIC 300 (1)"，然后，单击 ![icon] 图标，根据提示下载整个项目到 CPU 中。然后将 CPU 打到 RUN 状态。当 RUN 的状态一直显示绿色时，证明程序下载成功。

(5) 监控。打开 OB1 主程序，单击 ![icon] 图标，进行程序监控。

3. 示例工艺 2——电动机的正反转控制

控制要求：

(1) 用两个按钮控制启停，按下启动按钮后，电动机开始正转；

(2) 正转 5 min 后，停 3 min，然后再开始反转运行；

(3) 反转 5 min 后，停 5 min，再正转运行，依次循环；

(4) 如果按下停止按钮开关,不管电动机在哪个状态(正转运行、反转运行或间歇停止),电动机都要停止运行,不再循环运行。

其 I/O 分配表如表 2.2 所示。

表 2.2　电动机正反转控制 I/O 分配表

符　号	地　址	说　明
I0.0	I　124.0	SB1(启动按钮)
I0.1	I　124.1	SB2(停止按钮)
Q4.0	Q　124.0	KM1(正向接触器)
Q4.1	Q　1214.1	KM2(反向接触器)

PLC 系统的硬件模块配置：CPU 314、PS307 5A、321 数字量输入模块 1 个、322 数字量输出模块 1 个。工程项目、硬件配置如图 2.23、图 2.24 所示。

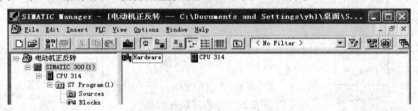

图 2.23　项目界面

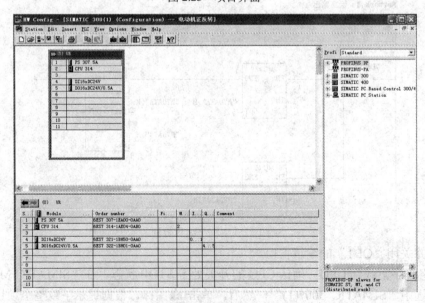

图 2.24　硬件配置界面

编辑符号地址表如图 2.25 所示。

S7 Program(1) (Symbols) -- 电动机正反转\SIMATIC 300(1)\CPU 314

	Status	Symbol	Address		Data type	Comment
1		反转_KM2	Q	4.1	BOOL	
2		反转停止时间	T	3	TIMER	
3		反转运行时间	T	2	TIMER	
4		启动_SB1	I	0.0	BOOL	
5		停止_SB2	I	0.1	BOOL	
6		正转_KM1	Q	4.0	BOOL	
7		正转停止时间	T	1	TIMER	
8		正转运行时间	T	0	TIMER	

图 2.25 编辑符号地址表界面

编辑主程序，如图 2.26 所示。

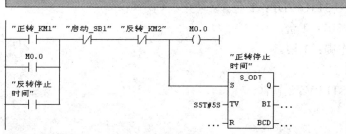

图 2.26 电动机正反转主程序

四、注意事项

(1) 在进行程序的下载前，确认 PLC 的各模块在已送电状态下工作是否正常。

(2) 整个项目下载必须在 CPU 处于 STOP 状态下进行。

五、考核内容

(1) 按照实训要求建立新项目、定义全局数据变量及地址、用户数据存储块。

(2) 按照实训要求进行 OB1 编程，并下载。

2.3　PROFIBUS-DP 总线网络通信设计实训(1)

一、实训目的

(1) 了解 PROFIBUS-DP 总线网络通信的原理。

(2) 学会建立 PROFIBUS-DP 总线网络通信的步骤。

二、硬件组成

(1) 西门子 CPU 313C-2DP：1 台。

(2) 西门子 PS 307：1 台。

(3) MPI 编程电缆：1 根。

(4) 工控机：1 台。

(5) SIMATIC STEPV5.2 软件。

三、实训内容

1. S7-400 与 S7-300 通信硬件组态设置

假设 S7-400 为主站，S7-300 为从站，添加 CPU 400、CPU 300 并组态，如图 2.27 所示。

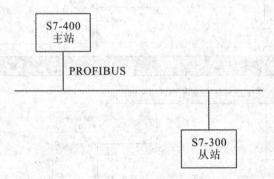

图 2.27　S7-400 与 S7-300 通信的结构示意图

(1) 建立新项目，插入 CPU 400、CPU 300 工作站，如图 2.28 所示。

图 2.28　插入 CPU 400、CPU 300 工作站

(2) 添加主从站的硬件设备(电源 PS 307、PS 407、CPU 314C-2DP、CPU 412-2DP)，如图 2.29 所示。

图 2.29　添加主从站的硬件设备

(3) 添加主站 CPU 400 的 DP 总线，如图 2.30 所示。

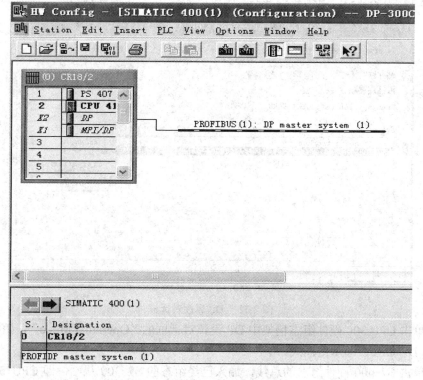

图 2.30　添加主站的 DP 总线

(4) 双击 CPU300 硬件组态槽架中的 "DP"，出现如图 2.31 所示的对话框。

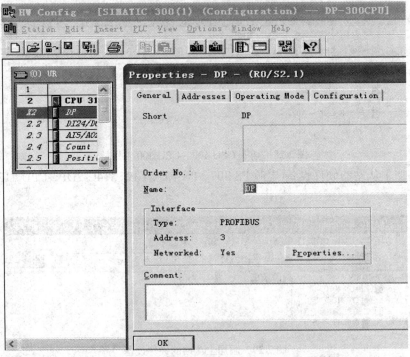

图 2.31　CPU300 硬件组态槽架中的 DP 设置对话框

(5) 单击 Properties，出现如图 2.32 所示的对话框，单击 OK 按钮。

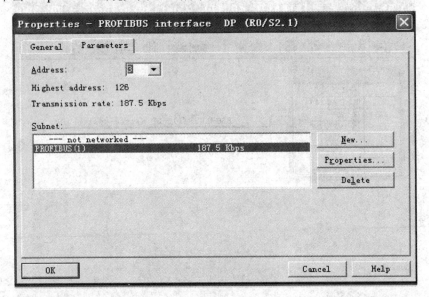

图 2.32　DP 属性对话框

(6) 单击 CPU 300 硬件组态槽架中 DP 设置对话框的 "Operating Mode"，如图 2.33 所示。选择 DP slave，即从站模式。

(7) 单击 S7-400 硬件组态的总线，加入已经组态的 S7-300 从站，即 CPU 31x，如图 2.34 所示。

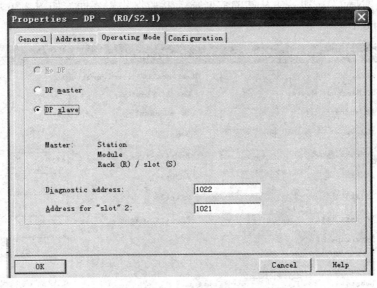

图 2.33 Operating Mode 设置界面

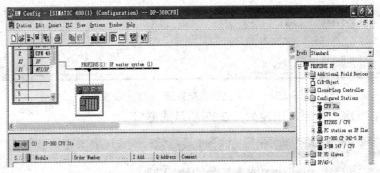

图 2.34 从 S7-400 的主站总线上添加从站

(8) 进入 S7-300 的硬件组态，双击"DP"，进入 S7-400 与 S7-300 的数据发送/接收区组态"Configuration"设置界面，如图 2.35 所示。

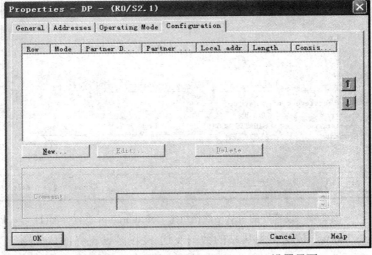

图 2.35 主从站的数据组态 Configuration 设置界面

(9) 单击 "New" 按钮，主从站的数据发送/接收区设置界面，如图 2.36 所示，分别设置 Output 和 Input。

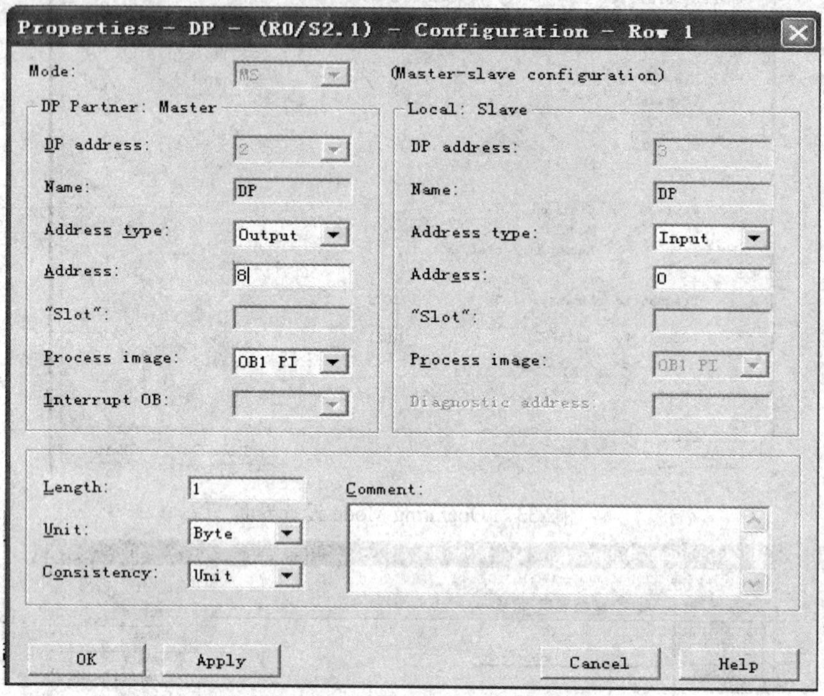

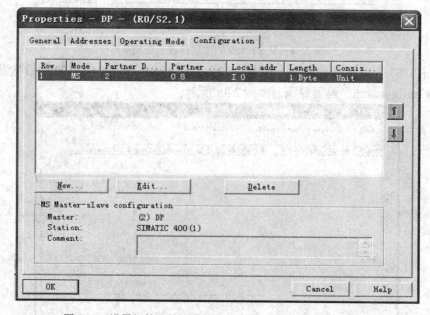

图 2.36 主从站的数据发送/接收区设置界面

(10) 单击 "OK" 按钮，出现如图 2.37 所示的窗口。

图 2.37 设置好的主从站数据组态 Configuration 设置界面(1)

(11) 再单击 "New" 按钮，主从站的数据发送/接收区设置界面，如图 2.38 所示，分别设置 Output 和 Input。

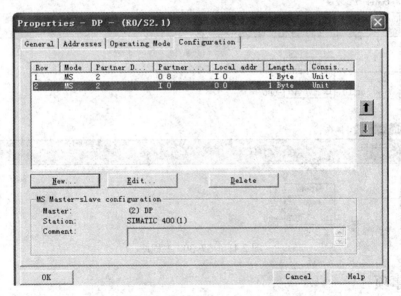

图 2.38　主从站的数据接收/发送区设置界面

(12) 再点"OK"按钮，返回组态窗口，如图 2.39 所示。

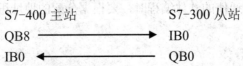

图 2.39　设置好的主从站数据组态 Configuration 设置界面(2)

这样就建立了 S7-400 与 S7-300 的通信网络，其通信存储区为：

S7-400 主站		S7-300 从站
QB8	⟶	IB0
IB0	⟵	QB0

2. S7-400 与 S7-300 通信的软件编程

(1) S7-400 主程序如图 2.40 所示。

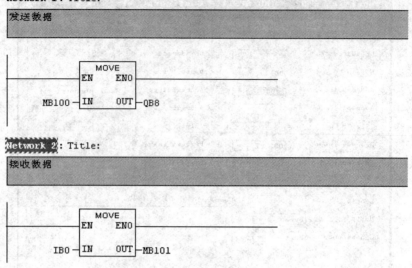

图 2.40　　S7-400 主程序

(2) S7-300 主程序如图 2.41 所示。

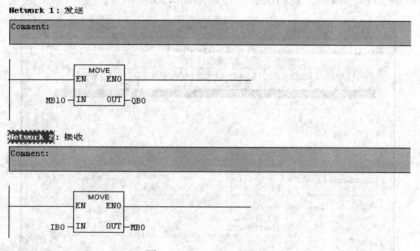

图 2.41　　S7-300 主程序

四、注意事项

(1) 在主从站通信的硬件组态时,务必分清主站和从站分配的地址,不要弄混淆了。

(2) 在进行主从站通信的软件编程时,要根据分配的地址进行编程,务必不要混淆了。

五、考核内容

(1) 按照要求创建新项目、建立 S7-400 CPU、S7-300 CPU 硬件组态。

(2) 按照要求创建 S7-400 CPU、S7-300 CPU 的总线属性。

(3) 按照要求建立通信存储区及编制主程序。

2.4 PROFIBUS-DP 总线网络通信设计实训(2)

一、实训目的

(1) 了解 PROFIBUS-DP 总线网络通信的原理。

(2) 学会建立 PROFIBUS-DP 总线网络通信的步骤。

二、硬件组成

(1) 西门子 CPU 313C-2DP：1 台。

(2) 西门子 PS 307：1 台。

(3) MPI 编程电缆：1 根。

(4) 工控机：1 台。

(6) SIMATIC STEPV 5.2 软件。

(7) Step7-200 编程软件 STEP 7-Micro/WIN SP4 V4.0。

三、实训内容

1. S7-400 与 S7-200 通过 EM277 通信实例

(1) 以 S7-400 为主站，S7-200 为从站，建立新项目，插入 CPU 400 工作站，如图 2.42 所示。

图 2.42 插入主站 S7-400

(2) 对 S7-400 硬件组态，如图 2.43 所示。

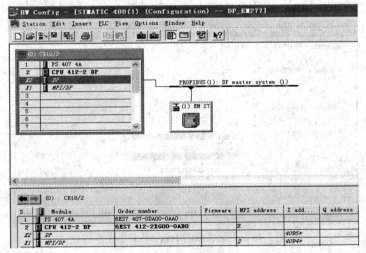

图 2.43 主站硬件组态

(3) 右击"DP",进入 DP 属性窗口,如图 2.44 所示。

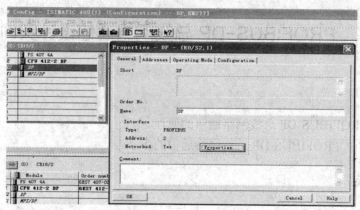

图 2.44 主站 DP 属性窗口

(4) 单击"Properties"按钮,进入如图 2.45 所示的窗口。

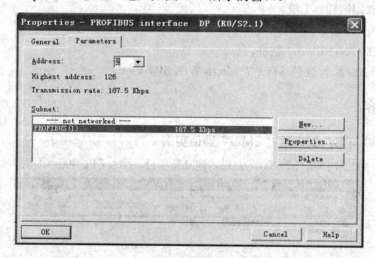

图 2.45 主站的 Property 属性窗口

(5) 要更改现有的传输率,单击"Properties"按钮,进入如图 2.46 所示的窗口。

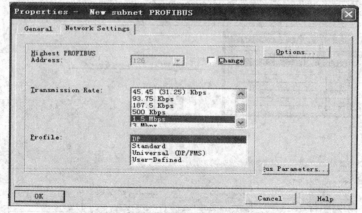

图 2.46 主站总线的 Properties 属性窗口

(6) 选择 1.5 Mbps,单击"OK",编译存盘。

(7) 安装 GSD 文件，单击"Options"，如图 2.47 所示，再单击下拉菜单"Install New GSD"。在电脑中找到相应的 GSD 文件夹，单击"siem089d.gsd"文件进行安装。

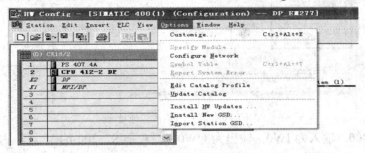

图 2.47　安装 GSD 文件

(8) 在 PROFIBUS-DP 网络上加载 EM277。组态 EM277 设备为从站，单击总线变全黑之后，从右边窗口中找到 EM277(EM277 在 PROFIBUS-DP 设备中 Additional Field Devices 文件夹中，选择 PLC 文件夹，再选择 SIMATIC 文件夹)，选中总线，双击该 EM277 即可完成任务添加，如图 2.48 所示。

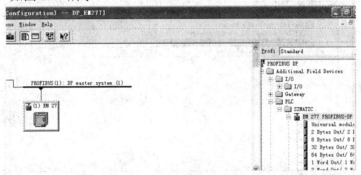

图 2.48　在 PROFIBUS-DP 网络上加载 EM277

(9) 双击"EM277"，出现如图 2.49 所示的窗口，单击"PROFIBUS"设置从站地址，其从站地址要与 EM277 的拨码开关一致。

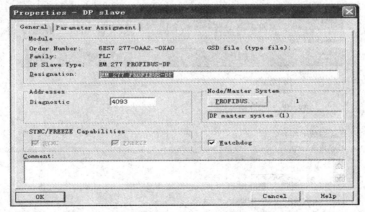

图 2.49　从站 EM277 通信地址设置

(10) 定义通信接口地址，大小为输入 2 字节，输出 2 字节，即给 EM277 加入 2 I/O 的子模块，单击"EM277"，在左下方窗口中选中变色插槽，再在右边窗口中找到所要加的设备双击即可，如图 2.50 所示。

图 2.50　定义通信接口地址 1

对于 S7-400，输入为 IW0，输出为 QW0，对应于 S7-200 的 V 区，占用 4 个字节，其中前面两个字节为接收，后两个字节为发送本例中 V 区偏移量为 80，VW80 为接收区，VW82 就是发送区。定义 V 区偏移量，右键单击"EM277"，选择"Object Property"，如图 2.51 所示。

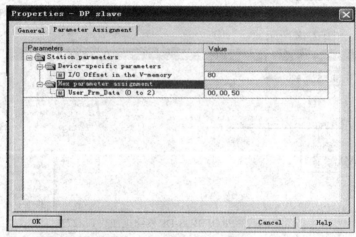

图 2.51　定义通信接口地址 2

S7-400 的主程序如图 2.52 所示。

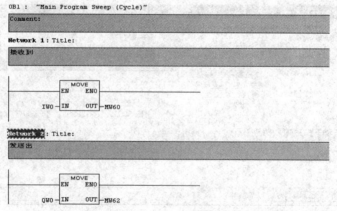

图 2.52　S7-400 主程序

四、注意事项

(1) 在主从站通信的硬件组态时，务必分清主站和从站分配的地址，不要弄混淆了。

(2) 在进行主从站通信的软件编程时，要根据分配的地址进行编程，特别从站对应的存储空间是变量存储器，务必不要弄错了。

五、考核内容

(1) 按照要求创建新项目、建立 S7-400 CPU 硬件组态。

(2) 按照要求创建 S7-400 CPU 及 EM277 的总线属性。

(3) 按照要求建立通信存储区，编制 S7-400 主程序。

2.5 装配生产线上料单元控制系统设计实训

一、控制要求分析

上料单元是整个装配生产线的起点，该单元的主要功能是根据不同的控制要求从料槽中抓取装配主体送入下料单元。

上料单元独立运行时具有自动、手动两种控制方式。当选择自动方式时本单元呈连续运行工作状态；当选择手动方式时则相当于步进工作状态，即每按动一次启动按钮系统按设计步骤依次运行一步的运行方式。

在系统运行期间若按下停止按钮，执行动作立即停止；再按下启动按钮，将在上一停顿状态继续运行。

当发生突发事故时，应立即拍下急停按钮，系统将切断 PLC 负载供电即刻停止运行(此时所有其他按钮都不起作用)。排除故障后需旋起急停按钮，并按下复位按钮，待各机构回复初始状态后按下启动按钮，本单元方可重新开始运行。

下面就自动控制过程说明如下：

初始状态：升降、行进、旋转电机及直动气缸处于原位，扬臂呈静止状态；吸持工件电磁吸铁释放；工作指示灯熄灭。

在系统全程运行时二直线电机驱动传送带始终保持运行状态(系统启动即开始运转)；分单元运行时可选用 PLC 的特殊继电器(与 PLC 运行/停止同状态的继电器)保持其运行状态。

(1) 当有工件放入工件槽时，工作传感器发出检测信号，工作指示灯发光，此时步进电机切换继电器为失电状态(选中旋转电机)，控制扬臂旋转的步进电机驱动器发出旋转脉冲信号，步进电机带动行星齿轮动作，使扬臂顺向旋转 90°，对准工件槽。

(2) 扬臂旋转到位后，气动回路的电磁换向阀动作，气缸活塞杆伸出，带动扬臂终端电磁铁下降。

(3) 气缸活塞杆伸出到位后，电磁吸铁得电，通过主体工件上安装的金属条吸取工件主体。吸持工件 2 s 后，气动回路电磁换向阀复位，气缸活塞杆收回，电磁铁持工件回缩(若一次吸合未果，即安装在电磁吸铁上的微动开关未发出信号，蜂鸣器发出音响报警信号)。

(4) 安装在扬臂终端电磁吸铁上的微动开关发出信号表示完成吸合且气缸回缩归位后，启动扬臂旋转方向为"+"(选中逆向)，且发出旋转脉冲信号。步进电机带动行星齿轮动作，使扬臂逆向旋转。

(5) 扬臂逆转 90°回到初始位置后，直流电机驱动齿轮齿条动作，上料单元左行。

(6) 上料单元左行到位后，气动回路的电磁换向阀再次动作，气缸活塞杆伸出，带动扬臂终端电磁铁持工件下降。

(7) 气缸活塞杆伸出到位后，电磁吸铁失电，将工件放下；2 s 后气动回路电磁换向阀复位，气缸活塞杆收回，扬臂终端电磁铁回缩。

(8) 气缸回缩归位后，直流电机驱动齿轮齿条动作，上料单元右行。

(9) 上料单元右行回位后，工作指示灯熄灭，系统回复初始状态。

二、硬件选型及 I/O 分配

装配生产线上料单元主要由西门子 S7-300 组成，其详细硬件组成如表 2.3 所示。

表 2.3　上料单元检测元件、执行机构、控制元件一览表

类别	序号	编号	名　称	功　能	安装位置
检测元件	1	BG1	微动开关	确定扬臂下行位置	两支撑侧板顶部型材
	2	BG2	微动开关	确定扬臂上行位置	两支撑侧板顶部型材
	3	BG3	微动开关	确定扬臂顺转位置	圆盘
	4	BG4	微动开关	确定扬臂 90°旋转位置	圆盘
	5	BG5	微动开关	确定扬臂逆转位置	圆盘
	6	BG6	微动开关	确定扬臂左行位置(铣床方向)	圆盘左面支撑型材
	7	BG7	微动开关	确定扬臂右行位置(下料方向)	圆盘右面支撑型材
	8	BG8	微动开关	工件吸持检测	电磁铁上
	9	SF1	磁性接近开关	确定气缸初始位置	气缸
	10	SF2	磁性接近开关	确定气缸伸出位置	气缸
	11	SF3	光电传感器	检测工件槽工件	工件槽侧面
执行机构等	1	MA5	直流电机	驱动扬臂旋转	圆盘
	2	MA4	步进电机	驱动扬臂升降	两支撑侧板中间
	3	MA1	直流电机	驱动上料单元行进	滑轨支撑板
	4	MA2	直流电机	驱动直线 I 传送带	直线单元
	5	MA3	直流电机	驱动直线 II 传送带	升降梯旁直线单元
	6	YM	直流电磁吸铁	控制扬臂电磁铁吸放工件	扬臂
	7	C	直动气缸	驱动扬臂顶端电磁铁升降	扬臂
	8	PG	工作指示灯	显示工作状态	两支撑侧板顶部型材
	9	PB1	蜂鸣器	事故报警	控制板
	10	PB2	蜂鸣器	事故报警	控制板
元件控制	1	KF1	继电器	扬臂左行控制	直线单元内侧
	2	KF2	继电器	扬臂右行控制	直线单元内侧
	3	KF3	继电器	控制二同步电机选择切换	直线单元内侧
	4	MB	电磁阀	直动气缸伸缩控制	两支撑侧板中间

根据控制要求分析得到上料单元的 I/O 分配表如表 2.4 所示。

表 2.4　上料单元 I/O 分配表

形式	序号	名　称	PLC 地址	编号	地址设置
输入	1	扬臂下行检测(复位)	I0.0	SQ1	
	2	扬臂上行检测	I0.1	SQ2	
	3	顺转检测	I0.2	SQ3	
	4	逆转检测(复位)	I0.3	SQ5	
	5	工件检测	I0.4	S3	
	6	气缸升检测(复位)	I0.5	S1	
	7	气缸降检测	I0.6	S2	
	8	左行检测(铣床方向)	I0.7	SQ6	
	9	右行检测(下料方向)	I1.0	SQ7	
	10	工件吸持检测	I1.1	SQ8	
	11	90°旋转检测	I1.2	SQ4	
	12	手动/自动按钮	I1.3	SA	
	13	启动按钮	I1.4	SB1	
	14	停止按钮	I1.5	SB2	
	15	急停按钮	I1.6	SB3	设置的站号为：10
	16	复位按钮	I1.7	SB4	与总站通信的地址为：16～17
输出	1	逆时旋转(复位)	Q0.0	M5:P	
	2	下行电机(复位)	FM353	M4:P	
	3	右行电机(复位)	Q0.2	KM1	
	4	左行电机(至位)	Q0.3	KM2	
	5	顺时旋转(至位)	Q0.4	M5:P+D	
	6	上行电机(至位)	FM353	M4:P+D	
	7	气缸电磁阀	Q0.6	YV	
	8	直流电磁吸铁	Q0.7	YM	
	9	工作指示灯	Q1.0	HL	
	10	直线 I 电机	Q1.1	M2	
	11	直线 II 电机	Q1.2	M3	
	12	步进电机切换继电器	Q1.4	KM3	
输出	13	蜂鸣器报警	Q1.6		
	14	蜂鸣器报警	Q1.7		
发送地址			QB16、QB17(300PLC——→300PLC)		
接收地址			IB16、IB17(300PLC←——300PLC)		

三、程序流程图

程序流程图如图 2.53 所示。

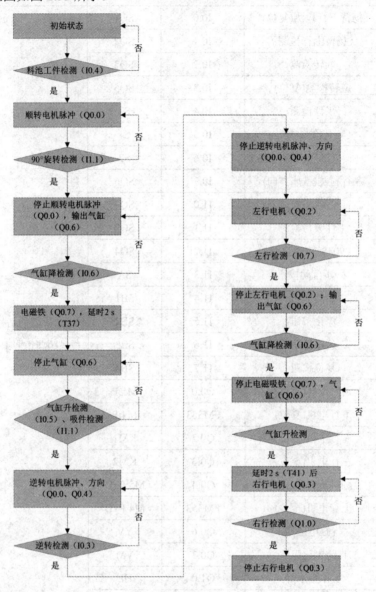

图 2.53　控制流程图

四、实训内容

1. 熟悉上料单元的机械主体结构,了解机械装配方法,重点观察行星齿轮系、齿轮齿条机构的传动过程和理解螺纹微调机构、张紧机构的作用。

2. 对照图 2.54 查找本单元各类检测元件、控制元件和执行机构的安装位置,并依据上料单元 PLC 控制接线图(见附录 D-1)熟悉其安装接线方法。

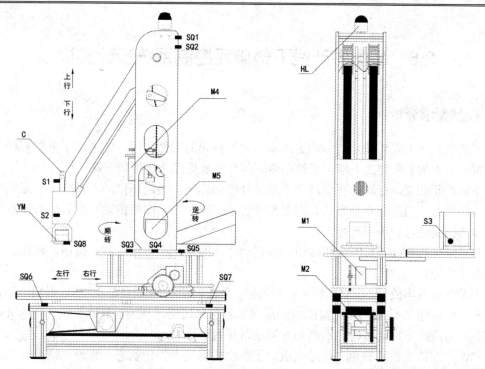

SQ1—扬臂下行检测；SQ2—扬臂上行检测；SQ3—顺转检测；SQ4—90°旋转检测；SQ5—逆转检测；

SQ6—左行检测；SQ7—右行检测；SQ8—工件吸持检测；S1—气缸升检测；S2—气缸降检测；

S3—工件检测；M4—扬臂升降电机；M5—旋转电机；M1—行进电机；M2—直线Ⅰ电机；

M3—直线Ⅱ电机；YM—直流电磁吸铁；C—止动气缸；HL—指示灯

图 2.54 上料单元检测元件、控制机构安装位置示意图

3. 根据表 1-1 理解本单元各检测元件、执行机构及控制元件的功能，熟悉基本调试方法(必要时可根据系统运行情况适当调整相应位置)。

4. 编制和调试 PLC 自动控制程序。

(1) 反复观察分站运行演示，深刻理解控制要求；

(2) 根据控制要求描述及工作状态表自行绘制自动控制功能图；

(3) 设置 I/O 编号，并将功能图转换为梯形图输入计算机进行调试；

(4) 将程序下载至 PLC 进行试运行(断开负载电源)；

(5) 根据 I/O 编号逐个核对 PLC 与输入/输出设备的连接；

(6) 进行系统调试，实现 PLC 带分站负载运行(接通负载电源)。

5. 在自动控制程序的基础上增加启动、停止、急停、复位控制和工作方式选择控制。

6. 学习分析、查找、排除故障的基本方法。

五、考核内容

(1) 分析系统硬件接线。

(2) 分析系统程序流程图。

(3) 分析梯形图程序的运行过程，并能针对控制要求的改变，对现有程序进行修改。

2.6　装配生产线下料单元控制系统设计实训

一、控制要求分析

下料单元的主要功能是将前站送入本单元下料仓的工件主体，通过直流电机驱动间歇机构带动同步齿型带使之下落，工件主体下落至托盘后经传送带向下站运行。

下料单元独立运行时具有自动、手动两种控制方式。当选择自动方式时本单元呈连续运行工作状态；当选择手动方式时则相当于步进工作状态，即每按动一次启动按钮系统按设计步骤依次运行一步的运行方式。

在系统运行期间若按下停止按钮，执行动作立即停止；再按下启动按钮，将在上一停顿状态继续运行。

当发生突发事故时，应立即拍下急停按钮，系统将切断 PLC 负载供电即刻停止运行(此时所有其他按钮都不起作用)。排除故障后需旋起急停按钮，并按下复位按钮，待各机构回复初始状态后按下启动按钮，本单元方可重新开始运行。

初始状态：直线及转角二传送电机、下料电机均处于停止状态；直流电磁吸铁竖起禁行；工作指示灯熄灭。

系统启动运行后本单元红色指示灯发光；直线电机、转角电机驱动二传送带开始运转且始终保持运行状态(分单元运行时可选用与 PLC 运行/停止同状态的特殊继电器保持二传送电机的运行状态)。

系统运行期间：

(1) 当前站上料单元向料仓中放入工件发出信号，经过 4 s 时间确认后，启动下料电机执行将工件主体下落动作。

(2) 当工件主体下落 6 s 后，若无托盘到位信号，则停止下料电机运行，将工件置于料仓中等待。

(3) 当托盘到达定位口时，底层的电感式传感器发出检测信号，红色指示灯熄灭，绿色指示灯发光；经过 2 s 时间确认后，启动下料电机继续执行将工件主体下落动作。

(4) 检测到托盘到位信号，当工件下落至托盘时，工件检测传感器发出检测信号，延时 3 s 确认后，直流电磁铁吸合下落，放行托盘。

(5) 托盘放行 2 s 后，电磁吸铁释放处于禁止状态，绿色指示灯熄灭，红色指示灯发光，系统回复初始状态。

说明：若下料电机从料仓入口至出口运行一个行程后工件检测传感器仍无检测信号，此时报警器发出警报，提示运行人员需在料仓中装入工件(本套设备中通过延时进行控制)。

二、硬件选型及 I/O 分配

装配生产线下料单元主要由西门子 S7-200 组成，其详细硬件组成如表 2.5 所示。

表2.5　下料单元检测元件、执行机构、控制元件一览表

类别	序号	编号	名　称	功　能	安装位置
检测元件	1	S1	电感式传感器	检测托盘的位置	直线单元上
	2	S2	光电传感器	检测托盘上是否有工件	直线单元上
	3	S3	电容式传感器	检测料仓底部是否有工件	料仓下部
执行机构等	1	M1	直流电机	驱动直线单元传送带	直线单元上
	2	M2	直流电机	驱动间歇机构	料仓上
	3	M3	直流电机	驱动滚筒型转角单元	下料单元旁的转角单元
	4	YM	直流电磁吸铁	控制托盘位置	直线单元上
	5	HL	HL1　红色指示灯	显示工作状态	直线单元侧
			HL2　绿色指示灯		
	6	HA1	蜂鸣器	事故报警	控制板
	7	HA2	蜂鸣器	事故报警	控制板

表2.6为下料单元控制板上PLC的I/O编号设置。

表2.6　下料单元I/O分配表

形式	序号	名称	PLC地址	编号	地址设置
输入	1	工件检测	I0.0	S2	
	2	托盘检测	I0.1	S1	
	3	料槽底层工件检测	I0.2	S3	
	4	手动/自动按钮	I2.0	SA	
	5	启动按钮	I2.1	SB1	
	6	停止按钮	I2.2	SB2	
	7	急停按钮	I2.3	SB3	
	8	复位按钮	I2.4	SB4	EM277总线模块设置的站号为8，与总站通信的地址为2～3
输出	1	下料电机	Q0.0	M2	
	2	绿色指示灯	Q0.1	HL2	
	3	直流电磁吸铁	Q0.2	KM	
	4	传送电机	Q0.3	M1	
	5	转角电机	Q0.4	M3	
	6	红色指示灯	Q0.5	HL1	
	7	蜂鸣器报警	Q1.6	HA1	
	8	蜂鸣器报警	Q1.7	HA2	
发送地址			V2.0～V3.7(200PLC——→300PLC)		
接收地址			V0.0～V1.7(200PLC←——300PLC)		

三、程序流程图

程序流程图如图2.55所示。

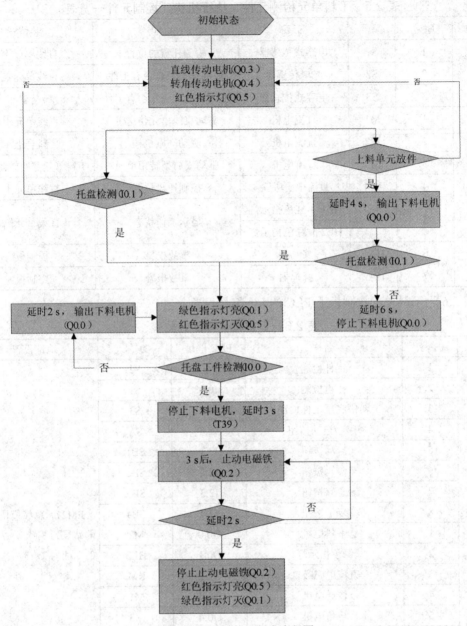

图 2.55　下料单元程序流程图

四、实训内容

1. 熟悉下料单元的机械主体结构，了解机械装配方法，重点观察间歇机构、同步带传动、螺杆调节结构过程和理解螺杆锁紧结构、张紧机构的作用。

2. 对照图 2.56 查找本单元各类检测元件、执行机构的安装位置，并依据下料单元 PLC 控制接线图(见附录 D-2)熟悉其安装接线方法。

3. 根据表 2.5 理解本单元各检测元件、执行机构的功能，熟悉基本调试方法(必要时

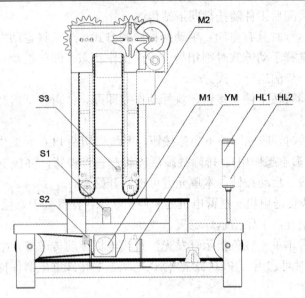

S1—工件检测；S2—托盘检测；S3—料仓底部工件检测；M1—传送电机；M2—下料电机；

YM—直流电磁吸铁；HL1—红色指示灯；HL2—绿色指示灯

图 2.56 下料单元检测元件、控制机构安装位置示意图

可根据系统运行情况适当调整相应位置)。

4. 编制和调试 PLC 自动控制程序。

(1) 反复观察分站运行演示，深刻理解控制要求；

(2) 根据控制要求描述及工作状态表自行绘制自动控制功能图；

(3) 设置 I/O 编号，并将功能图转换为梯形图输入计算机进行调试；

(4) 将程序下载至 PLC 进行试运行(断开负载电源)；

(5) 根据 I/O 编号逐个核对 PLC 与输入输出设备的连接；

(6) 进行系统调试，实现 PLC 带分站负载运行(接通负载电源)。

5. 在自动控制程序的基础上增加启动、停止、急停、复位控制和工作方式选择控制。

6. 学习分析、查找、排除故障的基本方法。

五、考核内容

(1) 分析系统硬件接线。

(2) 分析系统程序流程图。

(3) 分析梯形图程序的运行过程，并能针对控制要求的改变，对现有程序进行修改。

2.7 装配生产线加盖单元控制系统设计实训

一、控制要求分析

加盖单元的主要功能是通过直流电机带动蜗轮蜗杆，经减速电机驱动摆臂将上盖装配

至工件主体，完成装配后工件随托盘向下站传送。

加盖单元独立运行时具有自动、手动两种控制方式。当选择自动方式时本单元呈连续运行工作状态；当选择手动方式时则相当于步进工作状态，即每按动一次启动按钮系统按设计步骤依次运行一步的运行方式。

在系统运行期间若按下停止按钮，执行动作立即停止；再按下启动按钮，将在上一停顿状态继续运行。

当发生突发事故时，应立即拍下急停按钮，系统将切断 PLC 负载供电，即刻停止运行(此时所有其他按钮都不起作用)。排除故障后需旋起急停按钮，并按下复位按钮，待各机构回复初始状态后按下启动按钮，本单元方可重新开始运行。

初始状态：直线传送电机、摆臂电机处于停止状态；摆臂处于原位，内限位开关受压；直流电磁吸铁竖起禁行；工作指示灯熄灭。

系统启动运行后本单元红色指示灯发光；直线电机驱动传送带开始运转且始终保持运行状态(分单元运行时可选用与 PLC 运行/停止同状态的特殊继电器保持直线传送电机的运行状态)。

系统运行期间：

(1) 当托盘载工作主体到达定位口时，由电感式传感器检测托盘，发出检测信号；绿色指示灯亮，红色指示灯灭；由电容式传感器检测上盖，确认无上盖信号后，经 3 s 确认后启动主摆臂执行加盖动作。

(2) PLC 通过两个继电器控制电机正反转，带动减速机使摆臂动作，主摆臂从料槽中取出上盖，翻转 180°，当碰到放件控制板时复位弹簧松开，此时摆臂碰到外限位开关后结束加盖动作，上盖靠自重落入工件主体内，3 s 后启动摆臂执行返回原位动作。

(3) 摆臂返回后内限位开关发出信号，摆臂结束返回动作；此时若上盖安装到位，即上盖传感器发出检测信号，则通过 3 s 确认后直流电磁铁吸合下落，将托盘放行(若上盖安装为空操作，即上盖传感器无检测信号，摆臂手应再次执行加装上盖动作，直到上盖安装到位)。

(4) 放行 3 s 后，电磁铁释放，恢复限位状态，绿色指示灯灭，红色指示灯亮，该站恢复预备工作状态。

说明：若摆臂往复 3 次加装动作后上盖传感器仍无检测信号，此时报警器发出警报，提示运行人员需在料槽中装入上盖。

二、硬件选型及 I/O 分配

装配生产线加盖单元主要由西门子 S7-200 组成，其详细硬件组成如表 2.7 所示。

表 2.7　加盖单元检测元件、执行机构、控制元件一览表

类别	序号	编号	名　称	功　能	安装位置
检测元件	1	S1	电感式接近开关	检测托盘的位置	直线单元上
	2	S2	电容式接近开关	检测工件上是否有上盖	直线单元上
	3	SQ1	微动开关	确定摆臂取件位置	摆臂左面里侧
	4	SQ2	微动开关	确定摆臂放件位置	摆臂左面外侧

类别	序号	编号		名 称	功 能	安装位置
执行机构	1	M1		直流电机	驱动直线单元传送带	直线单元上
	2	M2		直流电机	驱动蜗轮蜗杆减速电机	加盖底板上
	3	M3		蜗轮蜗杆减速电机	降低直流电机转速	加盖底板上
	4	YM		直流电磁吸铁	控制托盘位置	直线单元上
	5	HL	HL1	红色指示灯	显示工作状态	直线单元侧
			HL2	绿色指示灯	显示工作状态	
	6	HA1		蜂鸣器	事故报警	控制板
	7	HA2		蜂鸣器	事故报警	控制板
控制元件	1	KM1		继电器	摆臂取件控制	加盖底板上
	2	KM2		继电器	摆臂放件控制	加盖底板上

表2.8为加盖单元控制板上PLC的I/O编号设置。

表2.8　加盖单元I/O分配表

形式	序号	名 称	PLC地址	编号	地址设置
输入	1	上盖检测	I0.0	S2	
	2	托盘检测	I0.1	S1	
	3	取件限位(复位)	I0.2	SQ1	
	4	放件限位(至位)	I0.3	SQ2	
	5	手动/自动按钮	I2.0	SA	EM277 总线模块设置的站号为12,与总站通信的地址为4～5
	6	启动按钮	I2.1	SB1	
	7	停止按钮	I2.2	SB2	
	8	急停按钮	I2.3	SB3	
	9	复位按钮	I2.4	SB4	
输出	1	电机取件	Q0.0	KM1	
	2	电机放件	Q0.1	KM2	
	3	绿色指示灯	Q0.2	HL2	
	4	直流电磁吸铁	Q0.3	YM	
	5	传送电机	Q0.4	M2	
输出	6	红色指示灯	Q0.5	HL1	
	7	蜂鸣器报警	Q1.6	HA1	
	8	蜂鸣器报警	Q1.7	HA2	
发送地址			V2.0～V3.7(200PLC——→300PLC)		
接收地址			V0.0～V1.7(200PLC←——300PLC)		

三、程序流程图

程序流程图如图 2.57 所示。

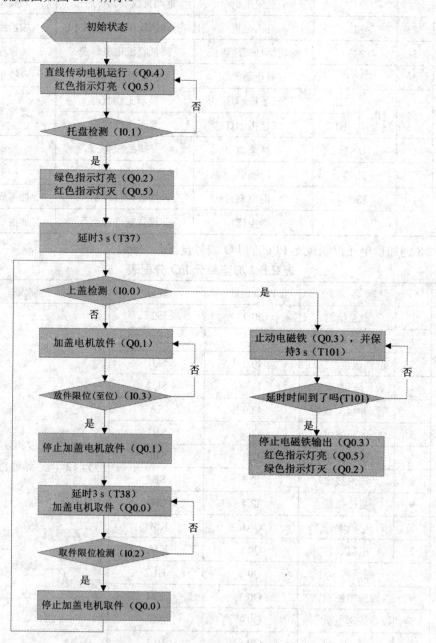

图 2.57　加盖单元程序流程图

四、实训内容

1. 了解自动上盖单元的机械装配方法；熟悉翻转定位装置、连杆机构及联轴器的工作原理；观察蜗轮蜗杆减速机的运动过程。

2. 对照图 2.58 查找本单元各类检测元件、执行机构的安装位置，并依据加盖单元 PLC 控制接线图(见附录 D-3)熟悉其安装接线方法。

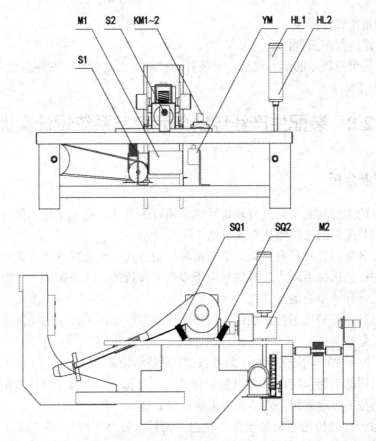

S1—托盘检测；S2—上盖检测；SQ1—取件限位；SQ2—放件限位；M1—传送电机；M2—加盖电机；

KM1—电机取件继电器；KM2—电机放件继电器；HL1—红色指示灯；HL2—绿色指示灯；

YM—直流电磁吸铁

图 2.58 加盖单元检测元件、控制机构安装位置示意图

3. 根据表 2.7 理解本单元各检测元件、执行机构的功能，熟悉基本调试方法(必要时可根据系统运行情况适当调整相应位置)。

4. 编制和调试 PLC 自动控制程序。

(1) 反复观察分站运行演示，深刻理解控制要求；

(2) 根据控制要求描述及工作状态表自行绘制自动控制功能图；

(3) 设置 I/O 编号，并将功能图转换为梯形图输入计算机进行调试；

(4) 将程序下载至 PLC 进行试运行(断开负载电源)；

(5) 根据 I/O 编号逐个核对 PLC 与输入/输出设备的连接；

(6) 进行系统调试，实现 PLC 带分站负载运行(接通负载电源)；

5. 在自动控制程序的基础上增加启动、停止、急停、复位控制和工作方式选择控制。

6. 学习分析、查找、排除故障的基本方法。

五、考核内容

(1) 分析系统硬件接线。

(2) 分析系统程序流程图。

(3) 分析梯形图程序的运行过程，并能针对控制要求的改变，对现有程序进行修改。

2.8　装配生产线穿销单元控制系统设计实训

一、控制要求分析

穿销单元的主要功能是通过旋转推筒推送销钉的方法，完成工件主体与上盖的实体连接装配，完成装配后的工件随托盘向下站传送。

穿销单元独立运行时具有自动、手动两种控制方式。当选择自动方式时本单元呈连续运行工作状态；当选择手动方式时则相当于步进工作状态，即每按动一次启动按钮系统按设计步骤依次运行一步的运行方式。

在系统运行期间若按下停止按钮，执行动作立即停止；再按下启动按钮，将在上一停顿状态继续运行。

当发生突发事故时，应立即拍下急停按钮，系统将切断 PLC 负载供电即刻停止运行(此时所有其他按钮都不起作用)。排除故障后需旋起急停按钮，并按下复位按钮，待各机构回复初始状态后按下启动按钮，本单元方可重新开始运行。

初始状态：直线传送电机处于停止状态；销钉气缸处于原位(即旋转推筒处于退回状态)；限位杆竖起禁行；工作指示灯熄灭。

系统启动运行后本单元红色指示灯发光；直线电机驱动传送带开始运转且始终保持运行状态(分单元运行时可选用与 PLC 运行/停止同状态的特殊继电器保持直线传送电机的运行状态)。

系统运行期间：

(1) 当托盘载工件到达定位口时，托盘传感器发出检测信号，且确认无销钉信号后，绿色指示灯亮，红色指示灯灭，经 3 s 确认后，销钉气缸推进执行装销钉动作。

(2) 当销钉气缸发出至位检测信号后结束推进动作，延时 2 s 后自动退回。

(3) 气缸退回至复位状态且接收到销钉检测信号后，进行 3 s 延时，止动气缸动作使限位杆落下将托盘放行。(若销钉安装为空操作，2 s 后销钉检测传感器仍无信号，销钉气缸再次推进执行安装动作，直到销钉安装到位。)

(4) 放行 3 s 后，限位杆竖起处禁行状态，绿色指示灯灭，红色指示灯亮，系统回复初始状态。

本站销钉连续穿三次后，传感器还未检测到有销钉穿入，报警器报警，此时应在销钉下料仓内加入销钉。

二、硬件选型及 I/O 分配

装配生产线穿销单元主要由西门子 S7-200 组成，其详细硬件组成如表 2.9 所示，穿销
单元 I/O 分配如表 2.10 所示。

表 2.9　穿销单元检测元件、执行机构、控制元件一览表

类别	序号	编号		名　称	功　能	安装位置
检测元件	1	S1		电感式传感器	检测托盘的位置	直线单元上
	2	S2		光纤传感器	检测托盘上是否有工件	直线单元上
	3	S3		磁性接近开关	确定气缸初始位置	销钉气缸
	4	S4		磁性接近开关	确定气缸缩回位置	销钉气缸
	5	S5		磁性接近开关	确定气缸伸出位置	止动气缸
	6	S6		磁性接近开关	确定气缸初始位置	止动气缸
执行机构	1	M1		直流电机	驱动直线单元传送带	直线单元上
	2	C1		止动气缸	控制托盘位置	直线单元上
	3	C2		销钉气缸	控制旋转推筒	穿销单元底板上
	4	HL	HL1	红色指示灯	显示工作状态	直线单元侧
			HL2	绿色指示灯	显示工作状态	
	5	HA1		蜂鸣器	事故报警	控制板
	6	HA2		蜂鸣器	事故报警	控制板
控制元件	1	YV1		电磁阀	控制销钉气缸	穿销单元底板上
	2	YV2		电磁阀	控制止动气缸伸缩	穿销单元底板上

表 2.10　穿销单元 I/O 分配表

形式	序号	名　称	PLC 地址	编号	地址设置
输入	1	销钉检测	I0.0	S2	
	2	托盘检测	I0.1	S1	
	3	销钉气缸至位	I0.2	S4	
	4	销钉气缸复位	I0.3	S3	
	5	止动气缸至位	I0.4	S5	
	6	止动气缸复位	I0.5	S6	EM277 总线模块设置站号为 14，与总站通信的地址为 6~7
	7	手动/自动按钮	I2.0	SA	
	8	启动按钮	I2.1	SB1	
	9	停止按钮	I2.2	SB2	
	10	急停按钮	I2.3	SB3	
	11	复位按钮	I2.4	SB4	

续表

形式	序号	名　称	PLC 地址	编号	地址设置
输出	1	止动气缸	Q0.0	C1	
	2	绿色指示灯	Q0.1	HL2	
	3	销钉气缸	Q0.2	C2	
	4	传送电机	Q0.3	M1	
	5	红色指示灯	Q0.4	HL1	
	6	蜂鸣器报警	Q1.6	HA1	
	7	蜂鸣器报警	Q1.7	HA2	
发送地址			V2.0～V3.7(200PLC——→300PLC)		
接收地址			V0.0～V1.7(200PLC←——300PLC)		

三、程序流程图

程序流程图如图 2.59 所示。

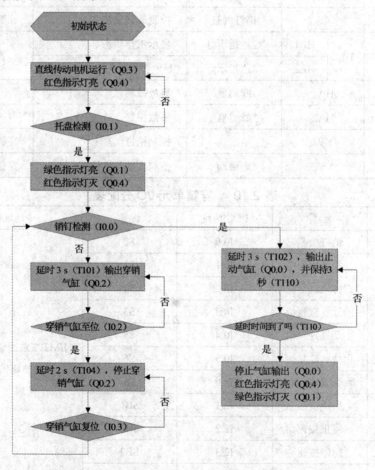

图 2.59　穿销单元程序流程

四、实训内容

1. 熟悉穿销单元的机械主体结构，了解机械装配方法，重点理解轴向凸轮旋转机构和张紧机构的作用。

2. 对照图 2.60 查找本单元各类检测元件、执行机构的安装位置，并依据穿销单元 PLC 控制接线图(见附录 D-4)熟悉其安装接线方法。

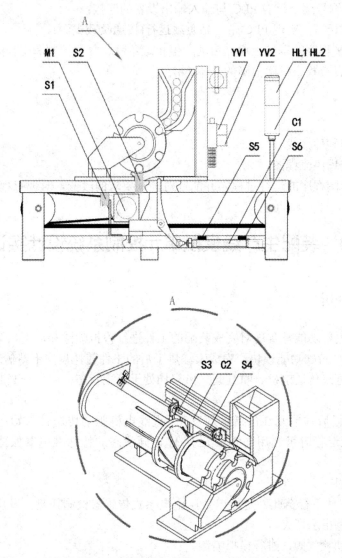

S1—托盘检测；S2—销钉检测；S3—销钉气缸复位；S4—销钉气缸至位；S5—止动气缸至位；
S6—止动气缸复位；C1—止动气缸；C2—销钉气缸；M1—传送电机；YV1—止动气缸电磁阀；
YV2—销钉气缸电磁阀；HL1—红色指示灯；HL2—绿色指示灯

图 2.60　穿销单元检测元件、控制机构安装位置示意图

3. 根据表 2.9 理解本单元各检测元件、执行机构的功能，熟悉基本调试方法(必要时可根据系统运行情况适当调整相应位置)。

4. 编制和调试 PLC 自动控制程序。

(1) 反复观察分站运行演示，深刻理解控制要求；

(2) 根据控制要求描述及工作状态表自行绘制自动控制功能图；

(3) 设置 I/O 编号，并将功能图转换为梯形图输入计算机进行调试；

(4) 将程序下载至 PLC 进行试运行(断开负载电源)；

(5) 根据 I/O 编号逐个核对 PLC 与输入输出设备的连接；

(6) 进行系统调试，实现 PLC 带分站负载运行(接通负载电源)。

5. 在自动控制程序的基础上增加启动、停止、急停、复位控制和工作方式选择控制。

6. 学习分析、查找、排除故障的基本方法。

五、考核内容

(1) 分析系统硬件接线。

(2) 分析系统程序流程图。

(3) 分析梯形图程序的运行过程，并能针对控制要求的改变，对现有程序进行修改。

2.9　装配生产线模拟单元控制系统设计实训

一、控制要求分析

模拟单元的主要功能是实现对完成装配的工件进行模拟喷漆和烘干，为此本站增加了模拟量控制的 PLC 特殊功能模块，完成喷漆烘干后的工件随托盘向下站传送。

初始状态：直线传送电机、喷气阀、风扇均处于停止状态；限位杆竖起禁行；工作指示灯熄灭。

系统启动运行后本单元红色指示灯发光；直线电机驱动传送带开始运转且始终保持运行状态(分单元运行时可选用与 PLC 运行/停止同状态的特殊继电器保持直线传送电机的运行状态)。

系统运行期间：

(1) 托盘带工件下行至此站定位口处，由电感式传感器检测托盘，发出检测信号，绿色指示灯亮，红色指示灯灭。

(2) 3 s 后启动喷气阀，进行模拟喷漆。

(3) 500 ms 后关闭喷气阀，此时用最高强度加热。

(4) 加热过程中，循环读取输入温度(将铂热电阻输入值和设定值比较，若小于设定值则继续加热，一直加热到当循环读取的输入值大于或等于设定值时，跳出)。当循环读取的输入值大于或等于设定值时停止加热，并启动风扇进行烘干。

(5) 风扇停止 5 s 后止动气缸放行，托盘带工件下行。

(6) 放行 3 s 后，止动气缸复位，循环标志和采样标志清零。绿色指示灯灭，红色指示灯亮。系统回复初始状态。

二、硬件选型及 I/O 分配

装配生产线模拟单元主要由西门子 S7-300 组成，其详细硬件组成如表 2.11 所示，模拟单元 I/O 分配如表 2.12 所示。

表 2.11 模拟单元检测元件、执行机构、控制元件一览表

类别	序号	编号		名 称	功 能	安装位置
检测元件	1	S1		电感式接近开关	检测托盘的位置	直线单元上
	2	S2		磁性接近开关	确定气缸伸出位置	气缸
	3	S3		磁性接近开关	确定气缸初始位置	气缸
	4	RTD		铂热电阻 Pt100	采集加热温度	模拟单元后板上
执行机构	1	FAN		烘干风扇	烘干	模拟单元侧板上
	2	C		止动气缸	控制托盘位置	直线单元上
	3	M		直流电机	驱动直线单元传送带	直线单元上
	4	HL	HL1	红色指示灯	显示工作状态	直线单元侧
			HL2	绿色指示灯	显示工作状态	
	5	HA1		蜂鸣器	事故报警	控制板
	6	HA2		蜂鸣器	事故报警	控制板
控制元件	1	YV1		电磁阀	喷漆控制	模拟顶板端型材上
	2	YV2		电磁阀	止动气缸伸缩控制	模拟顶板端型材上

表 2.12 模拟单元 I/O 分配表

形式	序号	名称	PLC 地址	编号	地址设置
输入	1	托盘检测	I0.0	S1	设置的站号为 16，与总站通信的地址为 14～15
	2	止动气缸至位	I0.1	S2	
	3	止动气缸复位	I0.2	S3	
输入	4	手动/自动按钮	I1.3	SA	
	5	启动按钮	I1.4	SB1	
	6	停止按钮	I1.5	SB2	
	7	急停按钮	I1.6	SB3	
	8	复位按钮	I1.7	SB4	

续表

形式	序号	名称	PLC 地址	编号	地址设置
输出	1	止动气缸	Q0.0	C	
	2	喷气阀	Q0.1	YV1	
	3	烘干风扇	Q0.2	FAN	
	4	传送电机	Q0.3	M	
	5	绿色指示灯	Q0.4	HL2	
	6	红色指示灯	Q0.5	HL1	
	7	蜂鸣器报警	Q1.6	HA1	
	8	蜂鸣器报警	Q1.7	HA2	
发送地址			QB14～QB15(300PLC——→300PLC)		
接收地址			IB14～IB15(300PLC←——300PLC)		

三、程序流程图

程序流程图如图 2.61 所示。

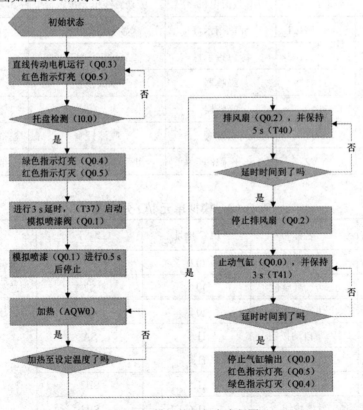

图 2.61　模拟单元程序流程图

四、实训内容

1. 熟悉模拟单元的机械主体结构。

2. 对照图 2.62 查找本单元各类检测元件、执行机构的安装位置，并依据模拟单元 PLC 控制接线图(见附录 D-5)熟悉其安装接线方法。

3. 根据表 2.11 理解本单元各检测元件、执行机构的功能，熟悉基本调试方法(必要时可根据系统运行情况适当调整相应位置)。

4. 编制和调试 PLC 自动控制程序。

(1) 反复观察分站运行演示，深刻理解控制要求；

(2) 根据控制要求描述设置 I/O 编号并编制程序；

(3) 将梯形图输入计算机进行调试；

(4) 将程序下载至 PLC 进行试运行(断开负载电源)；

(5) 根据 I/O 编号逐个核对 PLC 与输入输出设备的连接；

(6) 进行系统调试，实现 PLC 带分站负载运行(接通负载电源)。

5. 在自动控制程序的基础上增加启动、停止、急停、复位控制和工作方式选择控制。

6. 学习分析、查找、排除故障的基本方法。

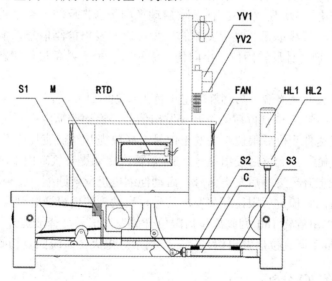

S1—托盘检测；S2—止动气缸至位；S3—止动气缸复位；RTD—Pt100 铂热电阻；FAN—烘干风扇；
C—止动气缸；M—传送电机；YV1—喷漆电磁阀；YV2—止动气缸电磁阀；HL1—红色指示灯；
HL2—绿色指示灯

图 2.62　模拟单元检测元件、控制机构安装位置示意图

五、考核内容

(1) 分析系统硬件接线。

(2) 分析系统程序流程图。

(3) 分析梯形图程序的运行过程，并能针对控制要求的改变，对现有程序进行修改。

2.10　装配生产线伸缩换向单元控制系统设计实训

一、控制要求分析

伸缩换向单元的主要功能是将前站传送过来的托盘及组装好的工件经换向、提升、旋转、下落后伸送至传送带向下站传送。

初始状态：直线传送电机Ⅰ、直线传送电机Ⅱ及换向电机均处于停止状态；换向、提升气缸处于原位；旋转、伸缩电机呈静止状态；工作指示灯熄灭。

系统启动运行后直线电机Ⅰ、Ⅱ驱动二传送带开始运转且始终保持运行状态(分单元运行时可选用与 PLC 运行/停止同状态的特殊继电器保持二直线传送电机的运行状态)；换向电机接件正转。

系统运行期间：

(1) 当有工件传送至换向机构时，工件传感器发出检测信号，换向传送带停转；换向气缸输出带动转盘顺时针正转；工作指示灯发光。

(2) 换向气缸旋转 90° 到位后发出信号，启动换向传送带反转，将工件送向直线单元Ⅱ。

(3) 工件传送至直线单元Ⅱ时货叉下的托盘传感器发出检测信号，换向传送带停转；换向气缸带动转盘逆时针反转回位，换向传送带正转，处于准备接件状态，提升气缸启动持工件上升。

(4) 提升气缸上升至终端，启动旋转电机持工件顺时针正转。

(5) 旋转电机旋转 180° 到位后限位开关发出信号，启动伸缩电机正转伸出送件。

(6) 伸缩电机送件到位后限位开关发出信号，释放提升气缸使其持工件下降。

(7) 当提升气缸下降到位后发出信号，3 s 后再次启动提升气缸由下降转为上升。

(8) 提升气缸上升至终端后发出信号，启动伸缩电机反转回缩。

(9) 伸缩电机回缩原位后限位开关发出信号，启动旋转电机逆时针反转回原位。

(10) 当旋转电机旋转 180° 回到原位后限位开关发出信号，释放提升气缸下降。

(11) 提升气缸下降到位后发出信号，工作指示灯熄灭，系统回复初始状态。

二、硬件选型及 I/O 分配

装配生产线伸缩换向单元主要由西门子 S7-300 组成，其详细硬件组成如表 2.13 所示。

表 2.13　伸缩换向单元检测元件、执行机构、控制元件一览表

类别	序号	编号	名　称	功　能	安装位置
检测元件	1	SQ1	微动开关	送件复位(缩)检测	伸缩臂移动支架上
	2	SQ2	微动开关	送件至位(伸)检测	伸缩臂移动支架上
	3	SQ3	微动开关	旋转至位检测	伸缩臂固定支架上
	4	SQ4	微动开关	旋转复位检测	伸缩臂固定支架上

续表

类别	序号	编号	名　称	功　能	安装位置
检测元件	5	S0	光电传感器	工件进入检测	旋转盘上
	6	S1	电感式传感器	检测托盘的位置	直线单元上
	7	S2	磁性接近开关	确定提升气缸初始位置	提升气缸
	8	S3	磁性接近开关	确定提升气缸缩回位置	提升气缸
	9	S4	磁性接近开关	确定换向气缸伸出位置	换向气缸
	10	S5	磁性接近开关	确定换向气缸缩回位置	换向气缸
执行机构	1	M0	直线 I 电机	驱动直线单元传送带	直线单元上
	2	M1	接、送件电机	对托盘进行接和送	旋转盘
	3	M2	直线 II 电机	驱动直线 II 皮带	直线单元 II 上
	4	M3	伸缩电机	驱动伸缩臂	伸缩臂固定支架上
	5	M4	旋转电机	驱动伸缩臂旋转	伸缩臂固定支架底部
	6	C1	旋转气缸	带动转盘进行旋转	旋转盘
	7	C2	提升气缸	降工件提升	伸缩臂移动支架上
	8	HL	工作指示灯	显示工作状态	伸缩单元顶端
控制元件	1	YV1	提升气缸电磁阀	控制销钉气缸	桌面立柱上
	2	YV2	旋转气缸电磁阀	控制止动气缸伸缩	桌面立柱上
	3	KM1	继电器	伸缩电机复位	桌面立柱上
	4	KM2	继电器	伸缩电机至位	桌面立柱上
	5	KM3	继电器	旋转电机复位	桌面立柱上
	6	KM4	继电器	旋转电机至位	桌面立柱上
	7	KM5	继电器	换向电机送件	桌面立柱上
	8	KM6	继电器	换向电机接件	桌面立柱上

根据控制要求分析，得到伸缩换向单元的 I/O 分配表如表 2.14 所示。

表 2.14　伸缩换向单元 I/O 分配表

形式	序号	名　称	PLC 地址	编号	地址设置
输入	1	换向气缸至位	I0.0	S4	EM277 总线模块设置站号为 20，与总站通信的地址为 22～25
	2	换向气缸复位	I0.1	S5	
	3	托盘检测	I0.2	S1	
	4	提升气缸至位	I0.3	S3	

形式	序号	名　称	PLC 地址	编　号	地址设置
输入	5	提升气缸复位	I0.4	S2	
	6	旋转复位检测	I0.5	SQ4	
	7	旋转至位检测	I0.6	SQ3	
	8	送件复位(缩)检测	I0.7	SQ1	
	9	送件至位(伸)检测	I1.0	SQ2	
	10	工件进入检测	I1.1	S0	
	11	手动/自动按钮	I1.3	SA	
	12	启动按钮	I1.4	SB1	
	13	停止按钮	I1.5	SB2	
	14	急停按钮	I1.6	SB3	
	15	复位按钮	I1.7	SB4	EM277 总线模块设置站号为 20，与总站通信的地址为 22~25
输出	1	换向气缸	Q0.0	YV2	
	2	换向电机接件	Q0.1	KM5	
	3	换向电机送件	Q0.2	KM6	
	4	小直线 II 电机	Q0.3	M2	
	5	提升气缸	Q0.4	YV1	
	6	旋转电机至位	Q0.5	KM4	
	7	旋转电机复位	Q0.6	KM3	
	8	伸缩电机至位(送)	Q0.7	KM2	
	9	伸缩电机复位(缩)	Q1.0	KM1	
	10	工作指示灯	Q1.1	HL	
	11	小直线 I 电机	Q1.2	M0	
	12	蜂鸣器报警	Q1.6	HA1	
	13	蜂鸣器报警	Q1.7	HA2	
发送地址			QB22~QB25(300PLC——→300PLC)		
接收地址			IB22~IB25(300PLC←——300PLC)		

三、程序流程图

程序流程图如图 2.63 所示。

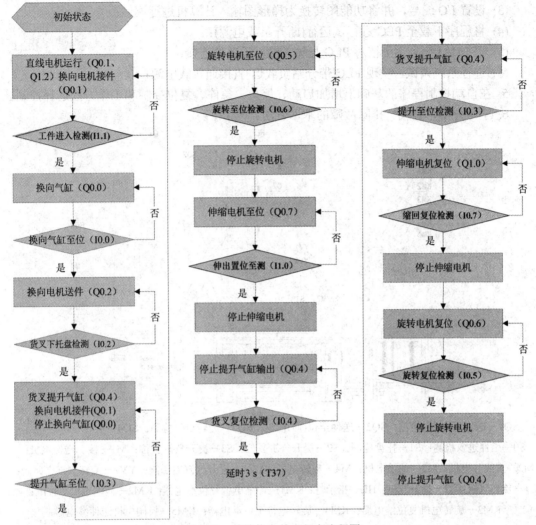

图 2.63 伸缩换向单元程序流程图

四、实训内容

1. 了解伸缩换向单元的机械装配方法；熟悉换向气缸旋转、提升气缸升降及伸缩电机送件的工作原理；重点观察平面连杆平移机构、扇齿轮齿条传动机构等机械传动结构和运动过程，了解三角带传动的特点。

2. 对照图 2.64 查找本单元各类检测元件、控制元件和执行机构的安装位置，并依据伸缩换向单元 PLC 控制接线图(见附录 D-6)熟悉其安装接线方法。

3. 根据表 2.13 理解本单元各检测元件、执行机构的功能，熟悉基本调试方法(必要时可根据系统运行情况适当调整相应位置)。

4. 编制和调试 PLC 自动控制程序。

(1) 反复观察分站运行演示，深刻理解控制要求；

(2) 根据控制要求描述及工作状态表自行绘制自动控制功能图；

(3) 设置 I/O 编号，并将功能图转换为梯形图输入计算机进行调试；

(4) 将程序下载至 PLC 进行试运行(断开负载电源)；

(5) 根据 I/O 编号逐个核对 PLC 与输入输出设备的连接；

(6) 进行系统调试，实现 PLC 带分站负载运行(接通负载电源)。

5. 在自动控制程序的基础上增加启动、停止、急停、复位控制和工作方式选择控制。

6. 学习分析、查找、排除故障的基本方法。

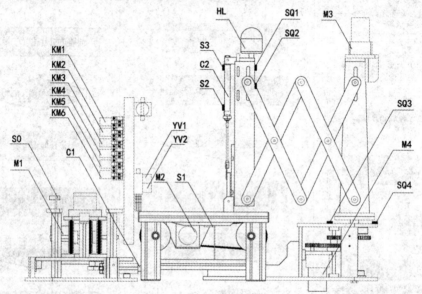

SQ1—送件复位(缩)检测；SQ2—送件至位(伸)检测；SQ3—旋转至位检测；SQ4—旋转复位检测；
S0—工件进入检测；S1—托盘检测；S2—提升气缸复位；S3—提升气缸至位；M1—接、送件电机；
M2—直线Ⅱ电机；M3—伸缩电机；M4—旋转电机；YV1—提升气缸电磁阀；YV2—旋转气缸电磁阀；
C1—旋转气缸；C2—提升气缸；HL—指示灯；KM1—伸缩电机复位继电器；KM2—伸缩电机至位继电器；
KM3—旋转电机复位继电器；KM4—旋转电机至位继电器；KM5—换向电机送件继电器；
KM6—换向电机接件继电器

图 2.64　伸缩换向单元检测元件、控制机构安装位置示意图

五、考核内容

(1) 分析系统硬件接线。

(2) 分析系统程序流程图。

(3) 分析梯形图程序的运行过程，并能针对控制要求的改变，对现有程序进行修改。

2.11　装配生产线检测单元控制系统设计实训

一、控制要求分析

检测单元的主要功能是运用各类检测传感装置对装配好的工件成品进行全面检测(包

括上盖、销钉的装配情况，销钉材质、标签有无等)，并将检测结果送至 PLC 进行处理，以此作为后续站控制方式选择的依据(如分拣站依标签有无判别正、次品；仓库站依销钉材质确定库位)。

初始状态：直线传送电机处于静止状态；直流电磁吸铁竖起禁行；工作指示灯熄灭。

系统启动运行后本单元红色指示灯发光；直线电机驱动传送带开始运转且始终保持运行状态(分单元运行时可选用与 PLC 运行/停止同状态的特殊继电器保持直线传送电机的运行状态)。

系统运行期间：

(1) 当托盘带工件进入本站后，进行 3 s 延时；绿色指示灯发光、红色指示灯熄灭；产品检测工作开始。

(2) 产品检测要求如下：

上盖检测　　　　　　(上盖为 1/无上盖为 0)

销钉材质检测(金属为 1/非金属为 0)

色差检测　　　　　　(贴签为 1/未贴签为 0)

销钉检测　　　　　　(穿销为 1/未穿销为 0)

(3) 产品检测工作开始 3 s 后，直流电磁吸铁吸合下落放行托盘。

(4) 放行托盘 3 s 后，直流电磁铁释放伸出恢复禁行状态。此时系统恢复初始状态，红色指示灯发光、绿色指示灯熄灭。

二、硬件选型及 I/O 分配

装配生产线检测单元主要由西门子 S7-300 组成，其详细硬件组成如表 2.15 所示。

表 2.15　检测单元检测元件、执行机构、控制元件一览表

类别	序号	编号	名　称	功　能	安装位置
检测元件	1	S1	电感式传感器	工件进入检测	直线单元上
	2	S2	激光对射传感器	检测上盖	直线单元上
	3	S3	电感式传感器	检测销钉材质	直线单元上
	4	S4	色差传感器	检测标签	直线单元上
	5	S5	电容式传感器	检测销钉	直线单元上
执行机构	1	YM1	直流电磁吸铁	控制托盘位置	直线单元上
	2	M1	传送电机	驱动直线单元传送带	直线单元上
	3	HL1	红色指示灯	显示工作状态	直线单元上
	4	HL2	绿色指示灯	显示工作状态	直线单元上
	5	HA1	蜂鸣器	事故报警	控制板
	6	HA2	蜂鸣器	事故报警	控制板

根据控制要求分析，得到检测单元的 I/O 分配表如表 2.16 所示。

表 2.16　检测单元 I/O 分配表

形式	序号	名称	PLC 地址	编号	地址设置
输入	1	托盘检测	I0.0	S1	
	2	上盖检测	I0.1	S2	
	3	材质检测	I0.2	S3	
	4	标签检测	I0.3	S4	
	5	销钉检测	I0.4	S5	
	6	废料检测	I1.1	S6	
	7	手动/自动按钮	I1.3	SA	
	8	启动按钮	I1.4	SB1	EM277 总线模块设置
	9	停止按钮	I1.5	SB2	站号为 18，与总站通信
	10	急停按钮	I1.6	SB3	的地址为 08～09
	11	复位按钮	I1.7	SB4	
输出	1	直流电磁吸铁	Q0.0	YM1	
	2	传送电机	Q0.1	M1	
	3	绿色指示灯	Q0.2	HL2	
	4	红色指示灯	Q0.3	HL1	
	5	蜂鸣器报警	Q1.6	HA1	
	6	蜂鸣器报警	Q1.7	HA2	
发送地址		QB8～QB9(300PLC——→300PLC)			
接收地址		IB8～IB9(300PLC←——300PLC)			

三、程序流程图

程序流程图如图 2.65 所示。

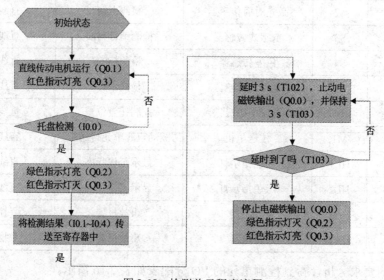

图 2.65　检测单元程序流程

四、实训内容

1. 对照图 2.66 查找本单元各类检测元件、控制元件和执行机构的安装位置，并依据检测单元 PLC 控制接线图(见附录 D-7 图)熟悉其安装接线方法。

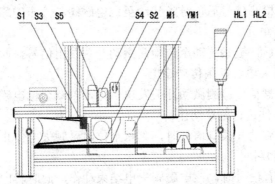

S1—托盘检测；S2—上盖检测；S3—标签检测；S4—销钉检测；S5—材质检测；M1—传送电机；

YM1—直流电磁吸铁；HL1—红色指示灯；HL2—绿色指示灯

图 2.66　检测单元检测元件、控制机构安装位置示意图

2. 根据表 2.15 理解本单元各检测元件、执行机构的功能，熟悉基本调试方法(必要时可根据系统运行情况适当调整相应位置)。

3. 编制和调试 PLC 自动控制程序。

(1) 反复观察分站运行演示，深刻理解控制要求；

(2) 根据控制要求描述及工作状态表自行绘制自动控制功能图；

(3) 设置 I/O 编号，并将功能图转换为梯形图输入计算机进行调试；

(4) 将程序下载至 PLC 进行试运行(断开负载电源)；

(5) 根据 I/O 编号逐个核对 PLC 与输入输出设备的连接；

(6) 进行系统调试，实现 PLC 带分站负载运行(接通负载电源)；

4. 在自动控制程序的基础上增加启动、停止、急停、复位控制和工作方式选择控制。

5. 学习分析、查找、排除故障的基本方法。

五、考核内容

(1) 分析系统硬件接线。

(2) 分析系统程序流程图。

(3) 分析梯形图程序的运行过程，并能针对控制要求的改变，对现有程序进行修改。

2.12　装配生产线液压单元控制系统设计实训

一、控制要求分析

液压单元的主要功能是通过液压换向回路实现对工件的刻章操作，完成对托盘进件、

出件后再经 90°旋转换向送至下一单元。

初始状态：液压单元的链条传动检测复位、转向检测复位、刻章检测复位状态，液压电磁断路失电。

系统运行期间：

(1) 托盘进入发出检测信号后，链条传动至位电磁阀与液压磁路断路同时得电，链条带动托盘及工件进入本单元。

(2) 链条传动到位后，链条传动至位检测微动开关发出信号，此时链条传动至位电磁阀与液压磁路断路同时失电，链条传动停止。

(3) 托盘入位后托盘至位检测微动开关发出信号，刻章至位电磁阀与液压磁路断路同时得电，对托盘上的工件进行刻章动作。

(4) 刻章至位检测微动开关有信号时，刻章至位电磁阀失电停止动作，此时刻章复位电磁阀得电，使刻章臂复位。

(5) 刻章复位检测有信号时，该电磁阀失电结束动作，此时转向至位电磁阀得电，摆动液压缸带动液压单元整体进行 90°旋转。

(6) 当碰到转向至位检测的微动开关时，该电磁阀失电停止动作，此时链条传动复位电磁阀得电，将工件送出。

(7) 链条传动复位检测到有信号时，该电磁阀与液压磁路断路同时失电。

(8) 当托盘送出检测的光电开关发出检测信号时，表示托盘已经完全离开液压单元。此时转向复位电磁阀与液压磁路断路同时得电，使液压单元复位。

(9) 转向复位检测微动开关发出信号时，转向复位电磁阀与液压磁路断路同时失电，系统回复初始状态。

说明：以上控制过程中在转向、刻章、链条传动任何一个输出点动作时液压电磁断路都为得电状态，反之则为失电状态。

二、硬件选型及 I/O 分配

装配生产线液压单元主要由西门子 S7-300 组成，其详细硬件组成如表 2.17 所示。

表 2.17　液压单元检测元件、执行机构、控制元件一览表

类别	序号	编号	名　称	功　能	安装位置
检测元件	1	SQ1	微动开关	托盘进入检测	链条两个长板上
	2	SQ2	微动开关	托盘至位检测	链条两个长板上
	3	SQ3	微动开关	链条传动至位	链条两个长板中间
	4	SQ4	微动开关	链条传动复位	链条两个长板中间
	5	SQ5	微动开关	刻章至位	刻章臂上
	6	SQ6	微动开关	刻章复位	刻章臂上
	7	SQ7	微动开关	转角复位	桌面上(靠近检测单元)
	8	SQ8	微动开关	转角至位	桌面上(靠近空直线单元)

类别	序号	编号	名 称	功 能	安装位置
执行机构	1	C1	链条液压缸	控制链条运动	链条两个长板上
	2	C2	刻章液压缸	控制刻章臂上下	液压单元中间
	3	C3	摆动液压缸	控制液压单元90°旋转	桌面下面
控制元件	1	YV1	电磁阀	控制链条液压缸	桌面下面
	2	YV2	电磁阀	控制刻章液压缸	桌面下面
	3	YV3	电磁阀	控制摆动液压缸	桌面下面

根据控制要求分析，得到液压单元的 I/O 分配表如表 2.18 所示。

表 2.18 液压单元 I/O 分配表

形式	序号	名 称	PLC 地址	编号	地址设置
输入	1	流量传感器	I0.0	BF	
	2	转角至位	I0.1	SQ8	
	3	转角复位	I0.2	SQ7	
	4	刻章复位	I0.3	SQ6	
	5	刻章至位	I0.4	SQ5	
	6	托盘进入检测	I0.5	SQ1	
	7	托盘至位检测	I0.6	SQ2	
	8	链条传动至位	I0.7	SQ3	
	9	链条传动复位	I1.0	SQ4	
	10	托盘送出	I1.1	SA2	
	11	手动/自动按钮	I1.3	SA1	EM277 总线模块设置站号为22，与总站通信的地址为18～21
	12	启动按钮	I1.4	SB1	
	13	停止按钮	I1.5	SB2	
	14	急停按钮	I1.6	SB3	
	15	复位按钮	I1.7	SB4	
输出	1	转向至位	Q0.0	YV3	
	2	转向复位	Q0.1	YV3	
	3	刻章至位	Q0.2	YV2	
	4	刻章复位	Q0.3	YV2	
	5	链条传动复位	Q0.4	YV1	
	6	链条传动至位	Q0.5	YV1	
	7	液压电磁断路	Q0.7	YA	
发送地址			QB18～QB21(300PLC——→300PLC)		
接收地址			IB18～IB11(300PLC←——300PLC)		

三、程序流程图

程序流程图如图 2.67 所示。

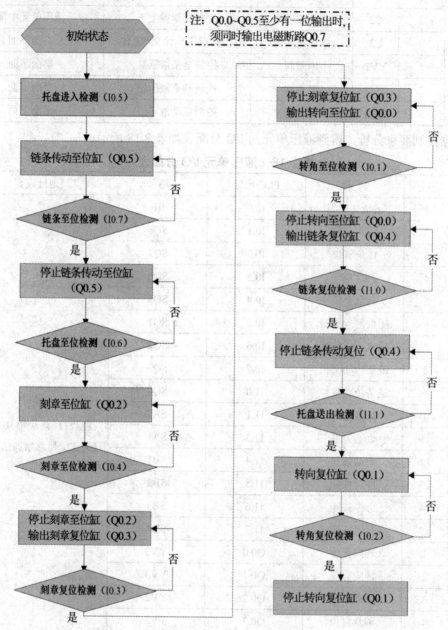

图 2.67　液压单元程序流程

四、实训内容

1. 熟悉液压单元的机械主体结构。
2. 对照图 2.68 查找本单元各类检测元件、执行机构的安装位置。

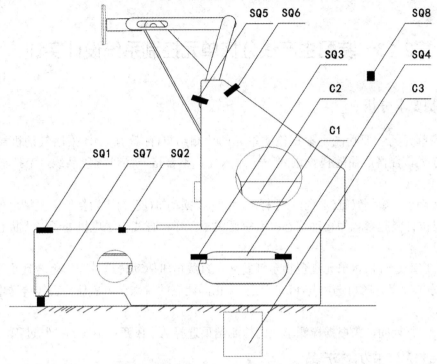

SQ1—托盘进入检测；SQ2—托盘至位检测；SQ3—链条传动至位；SQ4—链条传动复位；

SQ5—刻章至位检测；SQ6—刻章复位检测；SQ7—转角复位检测；SQ8—转角至位检测；

C1—链条液压缸；C2—刻章液压缸；C3—摆动液压缸

图 2.68 液压单元检测元件、控制机构安装位置示意图

3. 根据表 2.17 理解本单元各检测元件、执行机构的功能，熟悉基本调试方法(必要时可根据系统运行情况适当调整相应位置)。

4. 编制和调试 PLC 自动控制程序。

(1) 反复观察分站运行演示，深刻理解控制要求；

(2) 根据控制要求描述及工作状态表自行绘制自动控制功能图；

(3) 设置 I/O 编号，并将功能图转换为梯形图输入计算机调试；

(4) 将程序下载至 PLC 进行试运行(断开负载电源)；

(5) 根据 I/O 编号逐个核对 PLC 与输入输出设备的连接。

(6) 进行系统调试，实现 PLC 带分站负载运行(接通负载电源)。

5. 在自动控制程序的基础上增加启动、停止、急停、复位控制和工作方式选择控制。

6. 学习分析、查找、排除故障的基本方法。

五、考核内容

1. 分析系统硬件接线。

2. 分析系统程序流程图。

3. 分析梯形图程序的运行过程，并能针对控制要求的改变，对现有程序进行修改。

2.13　装配生产线分拣单元控制系统设计实训

一、控制要求分析

分拣单元的主要功能是根据检测单元的检测结果(标签有无)，采用气动机械手对工件进行分类，合格产品随托盘进入下一站入库；不合格产品进入废品线，空托盘向下站传送。

初始状态：短程气缸(垂直)、无杆缸(水平)、摆动缸(旋转)均为复位，机械手处于原始状态，限位杆竖起禁止为止动状态；真空开关不工作；直线传送电机处于停止状态；工作指示灯熄灭。

系统启动运行后本单元红色指示灯发光；直线电机驱动传送带开始运转且始终保持运行状态(分单元运行时可选用与 PLC 运行/停止同状态的特殊继电器保持直线传送电机的运行状态)。

系统运行期间，需根据检测单元的检测结果选择 A、B 两种不同的控制过程。

1. 若检测结果为合格产品

(1) 当托盘载合格工件到达定位口时，托盘传感器发出检测信号，红色指示灯熄灭，绿色指示灯发光，经 3 s 确认后，止动缸动作使限位杆落下放行。

(2) 放行 3 s 后止动气缸复位，限位杆恢复竖直禁行状态。

(3) 当限位杆恢复止动状态后，红色指示灯发光、绿色指示灯熄灭，此时系统恢复初始状态。

2. 若检测结果为不合格产品

(1) 当托盘载合格工件到达定位口时，托盘传感器发出检测信号，红色指示灯熄灭，绿色指示灯发光。经 3 s 确认后启动短程气缸垂直下行。

(2) 短程气缸垂直下行到位发出信号，开启真空开关，皮碗压紧工件。

(3) 接收到真空检测信号(皮碗吸紧工件)后，短程气缸持工件垂直上行。

(4) 短程气缸持工件上行至位(返回原位)后，摆动缸动作使工件转动 90°。

(5) 机械手持工件转动 90°至位后，无杆缸动作使机械手水平左行。

(6) 机械手水平左行至位后，启动短程气缸垂直下行。

(7) 短程气缸垂直下行到位发出信号，停止真空开关，皮碗失真空使工件下落。

(8) 真空检测信号消失后，短程气缸垂直上行。

(9) 短程气缸上行至位(返回原位)后，无杆缸动作使机械手水平右行返回，同时摆动缸动作使其回转 90°。

(10) 摆动缸(旋转)、无杆缸(水平)均复位后，延时 3 s，止动缸输出使限位杆下落，放行托盘。

(11) 止动缸至位 3 s 后停止输出。

(12) 限位杆恢复竖直禁行状态，红色指示灯发光、绿色指示灯熄灭，系统恢复初始状态。

二、硬件选型及 I/O 分配

装配生产线分拣单元主要由西门子 S7-300 组成，其详细硬件组成如表 2.19 所示。

表 2.19 分拣单元检测元件、执行机构、控制元件一览表

类别	序号	编号		名 称	功 能	安装位置
检测元件	1	S0		电感式传感器	托盘进入检测	直线单元上
	2	S1		磁性接近开关	无杆气缸平移到位检测	无杆气缸上
	3	S2		磁性接近开关	无杆气缸初始位置检测	无杆气缸上
	4	S3		磁性接近开关	短程气缸初始位置检测	短程气缸上
	5	S4		磁性接近开关	短程气缸伸出到位检测	短程气缸上
	6	S5		磁性接近开关	确定止动气缸伸出位置	止动气缸上
	7	S6		磁性接近开关	确定止动气缸初始位置	止动气缸上
	8	SQ1		微动开关	确定摆动气缸旋转到位	摆动气缸上
	9	SQ2		微动开关	确定摆动气缸原位	摆动气缸上
执行机构	1	M1		直流电机	驱动直线单元传送带	直线单元上
	2	C1		摆动气缸	将工件旋转 90°	短程气缸终端
	3	C2		短程气缸	控制旋转推筒	垂直于无杆气缸
	4	C3		止动气缸	控制托盘位置	直线单元上
	5	C4		导向驱动装置	将废品工件送入废品道	分拣支架上
	6	HL	HL1	红色指示灯	显示工作状态	直线单元上
			HL2	绿色指示灯	显示工作状态	
控制元件	1	YV1		电磁阀	控制摆动气缸	分拣支架上
	2	YV2		电磁阀	控制短程气缸	分拣支架上
	3	YV3		电磁阀	控制止动气缸	分拣支架上
	4	YV4		电磁阀	控制导向驱动装置	分拣支架上

根据控制要求分析，得到分拣单元的 I/O 分配表如表 2.20 所示。

表 2.20　分拣单元 I/O 分配表

形式	序号	名　称	PLC 地址	编　号	地址设置
输入	1	导向驱动装置至位	I0.0	S1	
	2	导向驱动装置复位	I0.1	S2	
	3	短程气缸至位	I0.2	S3	
	4	短程气缸复位	I0.3	S4	
	5	摆动气缸至位	I0.4	SQ2	
	6	摆动气缸复位	I0.5	SQ1	
	7	真空开关	I0.6	S7	
	8	托盘检测	I0.7	S0	
	9	止动气缸至位	I1.0	S5	
	10	止动气缸复位	I1.1	S6	
	11	手动/自动按钮	I1.3	SA	
	12	启动按钮	I1.4	SB1	EM277 总线模块设置站号为 24，与总站通信的地址为 10～11
	13	停止按钮	I1.5	SB2	
	14	急停按钮	I1.6	SB3	
	15	复位按钮	I1.7	SB4	
	16	KEY1	I1.2	SB5	
	17	KEY2	I1.3	SB6	
输出	1	止动气缸	Q0.0	YV3	
	2	摆动气缸(旋转)	Q0.1	YV1	
	3	导向驱动装置(水平)	Q0.2	YV4	
	4	短程气缸(垂直)	Q0.3	YV2	
	5	真空发生器	Q0.4	YA	
	6	传送电机	Q0.5	M1	
	7	绿色指示灯	Q0.6	HL2	
	8	空直线电机	Q0.7	M2	
	9	红色指示灯	Q1.0	HL1	
发送地址			QB10～QB11(300PLC——→300PLC)		
接收地址			IB10～IB11(300PLC←——300PLC)		

三、程序流程图

程序流程图如图 2.69 所示。

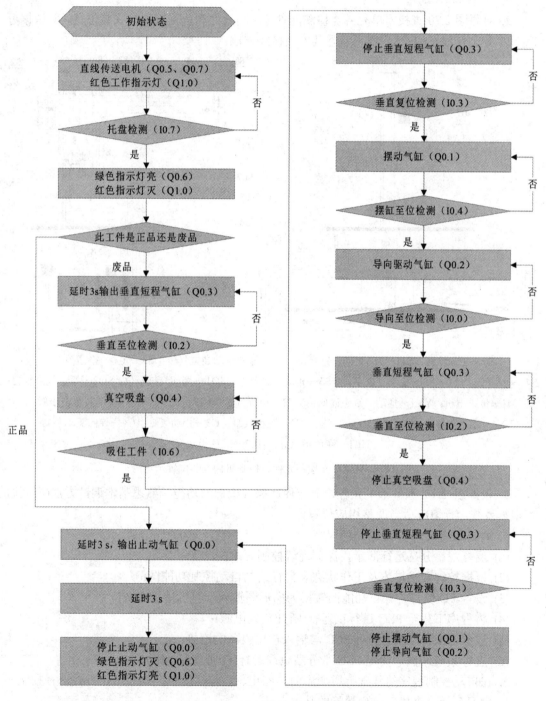

图 2.69 分拣单元程序流程图

四、实训内容

1. 了解本单元的机械装配方法，熟悉气动机械手的工作原理和真空皮碗的功能，观察机械传动结构和运动过程。

2. 对照图 2.70 查找本单元各类检测元件、控制元件和执行机构的安装位置，并依据分拣 PLC 控制接线图(见附录 D-8)熟悉其安装接线方法。

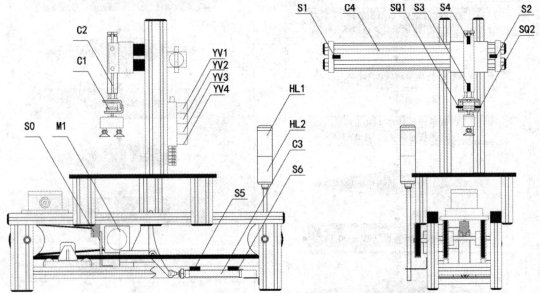

S0—托盘检测；S1—导向驱动装置至位；S2—导向驱动装置复位；S3—短程气缸至位；
S4—短程气缸复位；S5—止动气缸至位；S6—止动气缸复位；SQ1—摆动气缸至位；SQ2—摆动气缸复位；
M1—传送电机；YV1—摆动气缸电磁阀；YV2—短程气缸电磁阀；YV3—导向驱动装置电磁阀；
YV4—止动气缸电磁阀；C1—摆动气缸；C2—短程气缸；C3—止动气缸；C4—导向驱动装置；
HL1—红色指示灯；HL2—绿色指示灯

图 2.70　分拣单元检测元件、控制机构安装位置示意图

3. 根据表 2.19 理解本单元各检测元件、执行机构的功能，熟悉基本调试方法(必要时可根据系统运行情况适当调整相应位置)。

4. 编制和调试 PLC 自动控制程序。

(1) 反复观察分站运行演示，深刻理解控制要求；

(2) 根据控制要求描述及工作状态表自行绘制自动控制功能图；

(3) 设置 I/O 编号，并将功能图转换为梯形图输入计算机进行调试；

(4) 将程序下载至 PLC 进行试运行(断开负载电源)；

(5) 根据 I/O 编号逐个核对 PLC 与输入输出设备的连接；

(6) 进行系统调试，实现 PLC 带分站负载运行(接通负载电源)。

5. 在自动控制程序的基础上增加启动、停止、急停、复位控制和工作方式选择控制。

6. 学习分析、查找、排除故障的基本方法。

五、考核内容

(1) 分析系统硬件接线。

(2) 分析系统程序流程图。

(3) 分析梯形图程序的运行过程，并能针对控制要求的改变，对现有程序进行修改。

2.14 装配生产线堆垛控制系统设计实训

一、控制要求分析

本站由升降梯与立体仓库两部分组成，可进行两个不同生产线的入库和出库。在本装配生产线中可根据检测单元对销钉材质的检测结果将工件进行分类入库(金属销钉和尼龙销钉分别入不同的仓库)。若传送至本单元的为分拣后的空托盘，则将其放行。

1. 正品入库控制要求

初始状态：换向气缸处于复位；垛机处于中间限位；伺服电机(内进/外退)处于外限位；步进电机(升降)处于底限位；凸轮(库内)处于下限位。此时所有执行机构均为停止状态，工作指示灯熄灭。

系统运行期间：

(1) 当接收到前站分拣单元放行合格品信号后工作指示灯发光，垛机左行，同时垛机左限位电磁铁吸合准备接件。

(2) 当垛机左行到位后，左限位开关发出信号，垛机停止左行等待接件，3.5 s 后垛机接件换向右行。

(3) 当垛机载工件右行到中间位置且检测到工件后，中间限位开关和工件检测传感器发出信号，垛机停止右行并释放左限位电磁铁，同时启动步进脉冲(此时步进方向向上输出为 0)，使垛机载工件随升降梯定向上行运送工件。

(4) 通过串口读取光栅尺高度数值，并将此数值与目标仓库单元的高度进行比较后垛机随升降梯到达指定层位高度停止上行，伺服电机启动向内运送工件。

(5) 伺服电机将垛机向内送到指定某排位，某排位限位开关发出信号，此时伺服电机停止内进，凸轮动作使垛机提升 30 mm 的行程。

(6) 凸轮上限位发出检测信号时凸轮电机停止动作，垛机左(右)行，左(右)限位电磁铁吸合放行工件入库。

(7) 垛机左(右)行到位使左(右)限位开关发出信号后停止左(右)行，凸轮动作放置托盘工件。

(8) 当凸轮下限位发出信号且库位微动开关动作后，入库动作结束，垛机右(左)行。

(9) 当垛机右(左)行到中间位置时中限位开关发出信号停止右(左)行，并释放左(右)限位电磁铁。此时启动伺服电机向外退出。

(10) 当伺服电机向外退至原位后外限位开关动作停止外退，步进方向转为向下(输出为

1),并同时启动步进脉冲使升降梯下行。

(11) 升降梯下行至底层(原位),底层限位开关动作,此时停止步进脉冲,并使步进方向输出为 0,将升降梯停放在原位,工作指示灯熄灭。

2. 废品传送控制要求

初始状态:换向气缸处于复位;垛机处于中间限位;伺服电机(内进/外退)处于外限位;步进电机(升降)处于底限位;凸轮(库内)处于下限位。此时所有执行机构均为停止状态,工作指示灯熄灭。

系统运行期间:

(1) 当接收到前站分拣单元放行托盘信号后工作指示灯发光,垛机左行,同时垛机左限位电磁铁吸合准备接件。

(2) 当垛机左行到位后,左限位开关发出信号,垛机停止左行等待接件,3.5 s 后垛机接件换向右行。

(3) 当垛机载托盘右行到中间位置后,中间限位开关发出信号,垛机释放左限位电磁铁,延时 2 s 后垛机右限位电磁铁吸合准备送件。

(4) 垛机右行到位使右限位开关发出信号后停止右行,完成送件工作。5 s 后垛机左行并释放右限位电磁铁。

(5) 当垛机左行到中间位置时中限位开关发出信号停止左行,等待下次动作,工作指示灯熄灭。

二、硬件选型及 I/O 分配

装配生产线堆垛控制系统主要由西门子 S7-200 组成,其详细硬件组成如表 2.21 所示。

表 2.21 堆垛控制系统检测元件、执行机构、控制元件一览表

类别	序号	编号	名称	功　能	安装位置
检测元件	1	S1	光电传感器	垛机工件检测	垛机上
	2	S2	磁性接近开关	旋转气缸复位	旋转气缸上
	3	S3	磁性接近开关	旋转气缸至位	旋转气缸上
	4	SQ1	微动开关	垛机左侧限位	垛机左侧
	5	SQ2	微动开关	垛机中间限位	垛机中间
	6	SQ3	微动开关	垛机右侧限位	垛机右侧
	7	SQ4	微动开关	凸轮下限位	凸轮连接板上
	8	SQ5	微动开关	凸轮上限位	凸轮连接板上
	9	SQ6	微动开关	底层限位	升降梯前面左支撑腿下面
	10	SQ7	微动开关	高层限位	升降梯前面左支撑腿上面
	11	SQ8	微动开关	外限位	升降梯左侧底层最外面

类别	序号	编号	名称	功能	安装位置
检测元件	12	SQ9	微动开关	一排限位	升降梯左侧底层
	13	SQ10	微动开关	二排限位	升降梯左侧底层
	14	SQ11	微动开关	三排限位	升降梯左侧底层
	15	SQ12	微动开关	库1	左侧仓库
	16	SQ13	微动开关	库2	左侧仓库
	17	SQ14	微动开关	库3	左侧仓库
	18	SQ15	微动开关	库4	左侧仓库
	19	SQ16	微动开关	库5	左侧仓库
	20	SQ17	微动开关	库6	左侧仓库
	21	SQ18	微动开关	库7	左侧仓库
	22	SQ19	微动开关	库8	左侧仓库
	23	SQ20	微动开关	库9	左侧仓库
	24	SQ21	微动开关	库10	右侧仓库
	25	SQ22	微动开关	库11	右侧仓库
	26	SQ23	微动开关	库12	右侧仓库
	27	SQ24	微动开关	库13	右侧仓库
	28	SQ25	微动开关	库14	右侧仓库
	29	SQ26	微动开关	库15	右侧仓库
	30	SQ27	微动开关	库16	右侧仓库
	31	SQ28	微动开关	库17	右侧仓库
	32	SQ29	微动开关	库18	右侧仓库
执行机构	1	SM	步进电机	步进电机控制升降梯升、降	升降梯中间
	2	YM1	直流电磁铁	垛机左库接件限位电磁铁	垛机左面
	3	YM2	直流电磁铁	垛机右库接件限位电磁铁	垛机右面
	4	C1	换向气缸	将垛机进行90°换向	垛机底侧
	5	M1	直流电机	垛机接、送件电机	垛机底侧
	6	M2	直流电机	凸轮电机控制垛机	垛机底侧
	7	HL	工作指示灯	显示工作状态	升降梯顶部
	8	SS1	伺服电机	伺服电机控制升降梯内进、外送	升降梯后端

根据控制要求分析，得到堆垛控制系统的 I/O 分配表如表 2.22 所示。

表 2.22　堆垛控制系统 I/O 分配表

形式	序号	名　称	PLC 地址	编号	备注
输入	1	底层限位	I0.0	SQ6	
	2	高层限位	I0.1	SQ7	
	3	垛机工件检测	I0.2	S1	
	4	垛机左侧限位	I0.3	SQ1	
	5	垛机中间限位	I0.4	SQ2	
	6	垛机右侧限位	I0.5	SQ3	
	7	旋转气缸至位	I0.6	S3	
	8	旋转气缸复位	I0.7	S2	
	9	凸轮上限位	I1.0	SQ5	
	10	凸轮下限位	I1.1	SQ4	
	11	外限位	I1.2	SQ8	
	12	一排限位	I1.3	SQ9	
	13	二排限位	I1.4	SQ10	EM277 总线模块设置站号为 26；与总站通信的地址为 32～35
	14	三排限位	I1.5	SQ11	
	15	空直线检测	I1.6	SQ13	
	16	库 1	I1.7	SQ12	
	17	手动/自动钮	I2.0	SA	
	18	启动按钮	I2.1	SB1	
	19	停止按钮	I2.2	SB2	
	20	急停按钮	I2.3	SB3	
	21	复位按钮	I2.4	SB4	
	22	KEY2	I2.5	SB5	
	23	KEY1	I2.6	SB6	
	24	库 2	I2.7	SQ13	
	25	库 3	I3.0	SQ14	
	26	库 4	I3.1	SQ15	
	27	库 5	I3.2	SQ16	
	28	库 6	I3.3	SQ17	

续表

形式	序号	名称	PLC 地址	编号	备注
输入	29	库 7	I3.4	SQ18	
	30	库 8	I3.5	SQ19	
	31	库 9	I3.6	SQ20	
	32	库 10	I3.7	SQ21	
	33	库 11	I4.0	SQ22	
	34	库 12	I4.1	SQ23	
	35	库 13	I4.2	SQ24	
	36	库 14	I4.3	SQ25	
	37	库 15	I4.4	SQ26	
	38	库 16	I4.5	SQ27	
	39	库 17	I4.6	SQ28	
	40	库 18	I4.7	SQ29	EM277 总线模块设置站号为 26；与总站通信的地址为 32~35
输出	1	伺服电机内进	Q0.0	KM3	
	2	步进脉冲	Q0.1	M3：P	
	3	步进方向	Q0.2	M3：P+D	
	4	伺服电机外送	Q0.3	KM4	
	5	垛机接件左	Q0.4	KM1	
	6	垛机送件右	Q0.5	KM2	
	7	凸轮电机	Q0.6	M2	
	8	换向气缸	Q1.0	YV	
	9	垛机左库接件限位电磁铁	Q1.1	YM1	
	10	垛机右库接件限位电磁铁	Q1.2	YM2	
	11	工作指示灯	Q1.3	HL	
发送地址			V4.0~V7.7(200PLC——→300PLC)		
接收地址			V0.0~V3.7(200PLC←——300PLC)		

三、程序流程图

(1) 图 2.71 为合格工件送入本单元程序流程图。

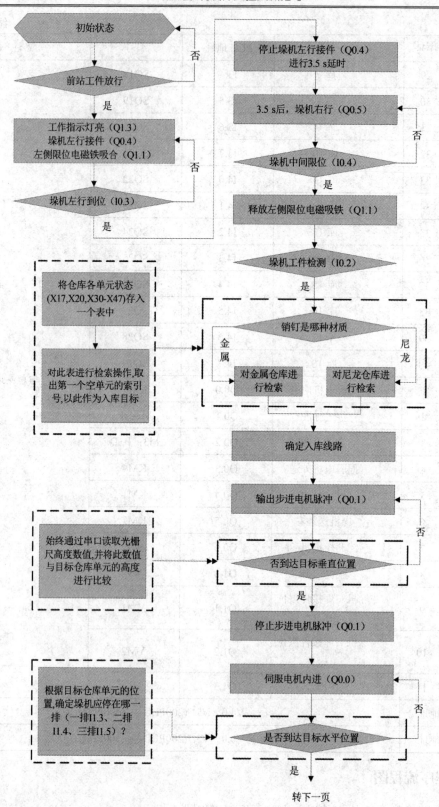

转下一页

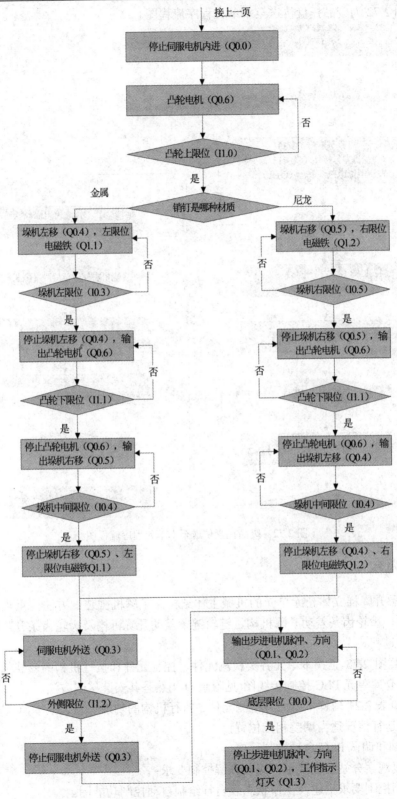

图 2.71 合格工件送入本单元程序流程图

(2) 图 2.72 为废品托盘传送至本单元程序流程图。

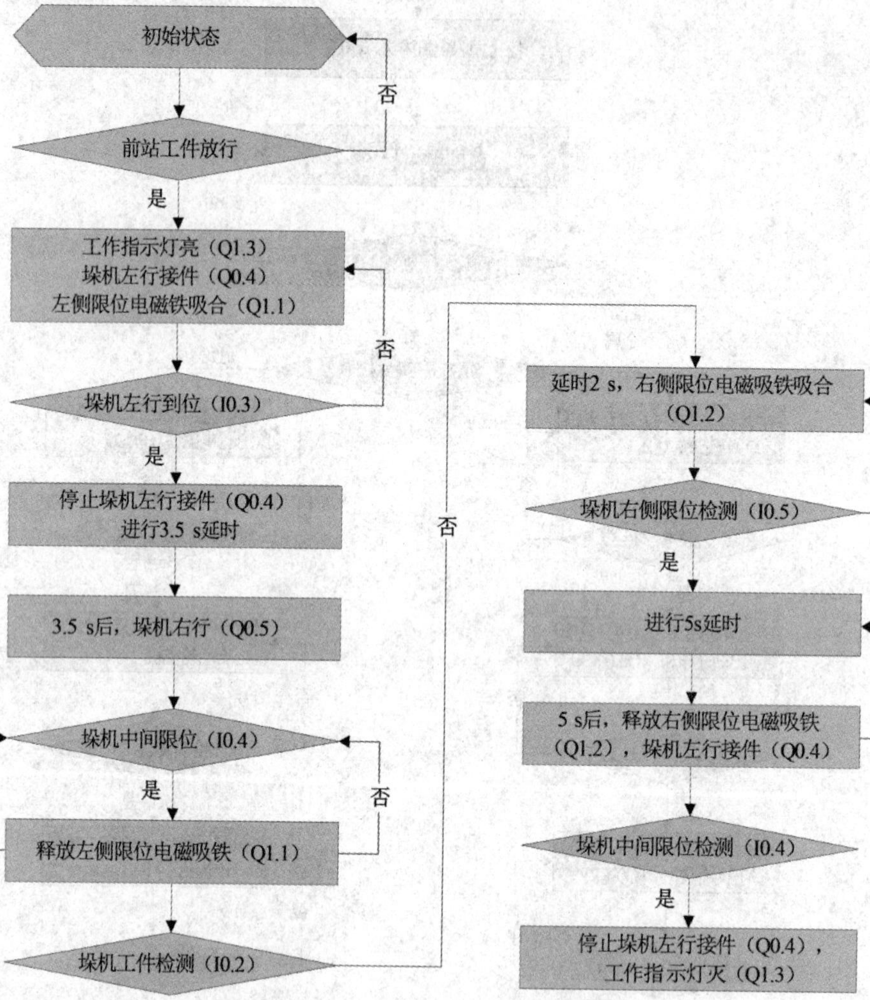

图 2.72　废品托盘传送至本单元程序流程图

四、实训内容

(1) 熟悉升降梯立体仓库单元的机械主体结构，了解机械装配方法，重点观察丝杠丝母升降机构、齿轮齿条差动升降机构、链轮链条差动升降机构及齿轮齿条升降梯水平移动机构的传动过程。

(2) 对照图 2.73 查找本单元各类检测元件、控制元件和执行机构的安装位置，并依据升降梯立体仓库单元 PLC 控制接线图(见附录 D-9)熟悉其安装接线方法。

(3) 根据表 2.21 理解本单元各检测元件、执行机构的功能，熟悉基本调试方法(必要时可根据系统运行情况适当调整相应位置)。

(4) 编制和调试 PLC 自动控制程序。

① 反复观察分站运行演示，深刻理解控制要求；

② 根据控制要求描述及工作状态表自行绘制自动控制功能图；

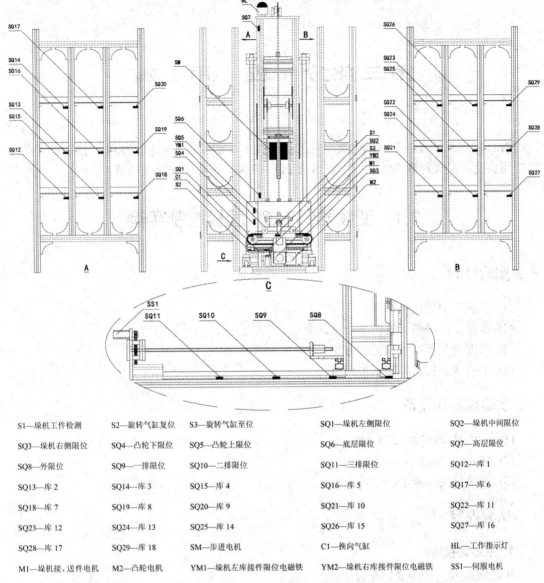

S1—垛机工件检测	S2—旋转气缸复位	S3—旋转气缸至位	SQ1—垛机左侧限位	SQ2—垛机中间限位
SQ3—垛机右侧限位	SQ4—凸轮下限位	SQ5—凸轮上限位	SQ6—底层限位	SQ7—高层限位
SQ8—外限位	SQ9—一排限位	SQ10—二排限位	SQ11—三排限位	SQ12—库 1
SQ13—库 2	SQ14—库 3	SQ15—库 4	SQ16—库 5	SQ17—库 6
SQ18—库 7	SQ19—库 8	SQ20—库 9	SQ21—库 10	SQ22—库 11
SQ23—库 12	SQ24—库 13	SQ25—库 14	SQ26—库 15	SQ27—库 16
SQ28—库 17	SQ29—库 18	SM—步进电机	C1—换向气缸	HL—工作指示灯
M1—垛机接、送件电机	M2—凸轮电机	YM1—垛机左库接件限位电磁铁	YM2—垛机右库接件限位电磁铁	SS1—伺服电机

图 2.73 升降梯立体仓库单元检测元件、控制机构安装位置示意图

③ 设置 I/O 编号，并将功能图转换为梯形图输入计算机进行调试；

④ 将程序下载至 PLC 进行试运行(断开负载电源)；

⑤ 根据 I/O 编号逐个核对 PLC 与输入输出设备的连接；

⑥ 进行系统调试，实现 PLC 带分站负载运行(接通负载电源)。

五、考核内容

(1) 分析系统硬件接线。

(2) 分析系统程序流程图。

(3) 分析梯形图程序的运行过程，并能针对控制要求的改变，对现有程序进行修改。

第三部分　应　用　篇

　　PLC 控制系统设计是自动化类专业的主干技术基础课程。本部分为 PLC 控制系统设计的应用实验，是理论联系实际、学好学会 PLC 控制系统设计的重要环节。

3.1　变频器的 BOP 面板控制实验

一、实验目的

(1) 掌握变频器的面板操作。
(2) 掌握工厂缺省设置的参数值的复位。
(3) 掌握变频器快速调试的方法。
(4) 了解变频器故障和报警信息。

二、实验仪器和设备

(1) 三相异步电动机：1 台。
(2) MM420 变频器：1 台。
(3) 连接导线：若干。

三、实验内容

1. 主电路接线图

主电路接线图如图 3.1 所示。

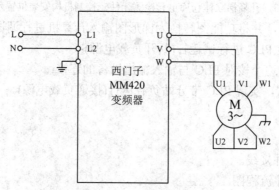

图 3.1　主电路接线图

2. 使用 MICROMASTER 420 基本操作板(BOP)进行调试工作

BOP 具有 7 段显示的 5 位数字,可以显示参数的序号和数值、报警和故障信息以及设定值和实际值。表 3.1 给出了由 BOP 操作时的工厂缺省设置值。

表 3.1 MICROMASTER 420 BOP 上的按钮及功能

显示/按钮	功 能	功 能 说 明
`r0000`	状态显示	LCD 显示变频器当前的设定值
	启动变频器	按此键启动变频器。缺省值运行时此键是被封锁的。为了使此键的操作有效,应设定 P0700 = 1
	停止变频器	OFF1:按此键,变频器将按选定的斜坡下降速率减速停车。缺省值运行时此键被封锁。为了允许此键操作,应设定 P0700 = 1。 OFF2:按此键两次(或一次,但时间较长),电动机将在惯性作用下自由停车。此功能总是"使能"的
	改变电动机的转动方向	按此键可以改变电动机的转动方向。电动机的反向用负号(-)表示或用闪烁的小数点表示。缺省值运行时此键是被封锁的,为了使此键的操作有效,应设定 P0700 = 1
	电动机点动	在变频器无输出的情况下按此键,将使电动机启动,并按预设定的点动频率运行。释放此键时,变频器停车。如果变频器/电动机正在运行,按此键将不起作用
	功能	此键用于浏览辅助信息。 变频器运行过程中,在显示任何一个参数时按下此键并保持 2 s 钟,将显示以下参数值(在变频器运行中,从任何一个参数开始): (1) 直流回路电压(用 d 表示,单位为 V); (2) 输出电流(A); (3) 输出频率(Hz); (4) 输出电压(用 o 表示,单位为 V); (5) 由 P0005 选定的数值(如果 P0005 选择显示上述参数中的任何一个(3、4 或 5),这里将不再显示)。 连续多次按下此键,将轮流显示以上参数。 **跳转功能** 在显示任何一个参数(rXXXX 或 PXXXX)时短时间按下此键,将立即跳转到 r0000,如果需要,可以接着修改其他参数。跳转到 r0000 后,按此键将返回原来的显示点
	访问参数	按此键即可访问参数
	增加数值	按此键即可增加面板上显示的参数数值
	减少数值	按此键即可减少面板上显示的参数数值

3. 使用 BOP 更改参数的数值

以修改下标参数 P0719 为例,BOP 操作步骤及显示结果如表 3.2 所示。

表 3.2　BOP 操作步骤及显示结果

	操 作 步 骤	显 示 的 结 果
1	按 P 访问参数	r 0000
2	按 ▲ 直到显示出 P0719	P0719
3	按 P 进入参数数值访问级	in000
4	按 P 显示当前的设定值	0
5	按 ▲ 或 ▼ 选择运行所需要的最大频率	12
6	按 P 确认和存储 P0719 的设定值	P0719
7	按 ▲ 直到显示出 r0000	r 0000
8	按 P 返回标准的变频器显示(由用户定义)	

4. 将变频器复位为工厂的缺省设定值

为了把变频器的全部参数复位为工厂的缺省设定值，应按照下面的数值设定参数：

① 设定 P0010 = 30；

② 设定 P0970 = 1。

说明：完成复位过程至少要 3 min。

四、实验步骤

(1) 按照主电路接线图 3.1 连接变频器电源。其中"L""N"端接 220 VAC，供电输入"VF-L1""VF-L2""U""V""W"作为变频器三相 220 VAC 输出，分别与电动机实验台上相应插孔连接，"PE"端与电动机实验台上的接地端相连。电路连接好，须经老师检查方可接通电源。

(2) 接通综合控制实验台电源。

(3) 按照主电路接线图 3.1 连接变频器电源。

(4) 对变频器参数进行设定。

(5) 接入电源，显示画面如图 3.2 所示。

① 按 P 键进入参数设定画面如图 3.3 所示。

图 3.2　电源接入后显示的画面

图 3.3　参数设定画面

② 快速调试。快速调试(仅适用于第 1 访问级)的流程图如图 3.4 所示。

P0010开始快速调试
0 准备运行
1 快速调试
30 工厂的缺省设置值

说明
在电动机投入运行之前，P0010必须回到"0"。但是，如果调试结束后选定P3900=1，那么，P0010回零的操作是自动进行的

P0100选择工作地区是欧洲/北美
0 功率单位为KM：f的缺省值为50 Hz
1 功率单位为hp：f的缺省值为60 Hz
2 功率单位为kW：f的缺省值为60 Hz

说明
P0100的设定值0和1应该用DIP关来更改，使其设定的值固定不变

P0304电动机的额定电压
10 V~2000 V
根据铭牌键入的电动机额定电压(V)

P0305电动机的额定电流
0~2倍变频器额定电流(A)
根据铭牌键入的电动机额定电流(A)

P0307电动机的额定功率
0 kW~2000 kW
根据铭牌键入的电动机额定功率(kW)
如果P0100=1，功率单位应是hp

P0310电动机的额定频率
12 Hz~650 Hz
根据铭牌键入的电动机额定频率(Hz)

P0311电动机的额定频率
0~400001/min
根据铭牌键入的电动机额定转速(r/min)

P0700 选择命令源
接通/断开/反转(on/off/reverse)
0 工厂设置值
1 基本操作面板(BOP)
2 输入端子/数字输入

P1000 选择频率设定值
0 无频率设定值
1 用BOP控制频率的升降↑↓
2 模拟设定值

接上一页

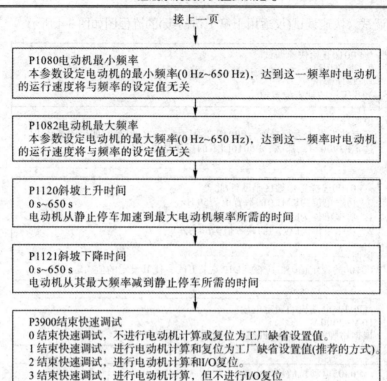

P1080电动机最小频率
本参数设定电动机的最小频率(0 Hz~650 Hz)，达到这一频率时电动机的运行速度将与频率的设定值无关

P1082电动机最大频率
本参数设定电动机的最大频率(0 Hz~650 Hz)，达到这一频率时电动机的运行速度将与频率的设定值无关

P1120斜坡上升时间
0 s~650 s
电动机从静止停车加速到最大电动机频率所需的时间

P1121斜坡下降时间
0 s~650 s
电动机从其最大频率减到静止停车所需的时间

P3900结束快速调试
0 结束快速调试，不进行电动机计算或复位为工厂缺省设置值。
1 结束快速调试，进行电动机计算和复位为工厂缺省设置值(推荐的方式)。
2 结束快速调试，进行电动机计算和I/O复位。
3 结束快速调试，进行电动机计算，但不进行I/O复位

图 3.4　快速调试流程图

③ 设定 BOP 参数，如表 3.3 所示。

表 3.3　设定 BOP 参数

	参数号	参数功能	设定值
1	P0003	用户访问级	1
2	P0010	调试参数过滤器	0
3	P0700	选择命令源	1
4	P1000	选择频率设定值	1
5	P1120	斜坡上升时间	10
6	P1121	斜坡下降时间	10

④ 进行电机启动、停止、正反转、加减速等调试工作。

五、注意事项

(1) 在进行实验前，确认变频器电源连接正确。

(2) 变频器带有电压，而且它所控制的是带有危险电压的转动机件，必须认真阅读指导书和相关手册，在老师指导下完成。

(3) 注意触电的危险。即使电源已经切断，变频器的直流回路电容器上仍然带有危险电压，因此，在电源关断 5 min 以后才允许打开本设备。

(4) 即使变频器处于不工作状态，其电源输入端子、直流回路和电动机接线端子仍然

可能带有危险电压,因此,在电源关断 5 min,等待电容器放电完毕以后才允许在本设备上开展安装工作。

(5) 变频器运行时最大允许的环境温度是 50℃。

3.2 变频器的外接数字量控制实验

一、实验目的

(1) 掌握变频器参数恢复为工厂默认值的方法。
(2) 掌握 MM420 变频器基本参数的设置。
(3) 掌握 MM420 变频器输入端子 DIN1、DIN2 对电动机正反转控制。
(4) 了解通过 BOP 面板观察变频器的运行过程。

二、实验仪器和设备

(1) 三相异步电动机:1 台。
(2) MM420 变频器:1 台。
(3) 连接导线:若干。

三、实验内容

用自锁按钮 S1 和 S2 控制 MM420 变频器,实现电动机正转和反转控制,电动机加减速时间为 5 s。其中端口"5"(DIN1)设为正转控制,端口"6"(DIN2)设为反转控制,对应的功能分别由 P0701 和 P0702 的参数值设置。

四、实验步骤

1. 主电路接线图

主电路接线图如图 3.5 所示。

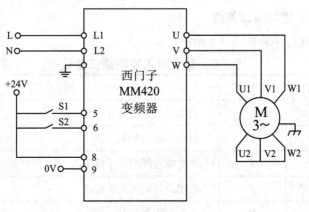

图 3.5 主电路接线图

2. 恢复变频器工厂默认值

设定 P0010 = 30 和 P0970 = 1，按下 P 键，开始复位，复位过程大约为 3 min，这样就保证了变频器的参数恢复到工厂默认值。

3. 设置电动机的参数(快速调试)

为了使电动机与变频器相匹配，需要设置电动机的参数。电动机用型号100YS200DY38(实验室配置)，其额定参数如下：

额定功率：200 W；

额定电压：380 V；

额定电流：0.61 A；

额定频率：50 Hz；

转速：1300 r/min；

星型接法。

电动机参数设置见表 3.4。电动机参数设置完成后，设 P0010=0，变频器当前处于准备状态，可正常运行。

表 3.4　电动机参数设置

参数号	出厂值	设置值	说　明
P0003	1	1	设用户访问级为标准级
P0010	0	1	快速调试
P0100	0	0	工作地区：功率以 kW 表示，频率为 50 Hz
P0304	230	380	电动机的额定电压(V)
P0305	3.25	0.61	电动机的额定电流(A)
P0307	0.75	0.2	电动机的额定功率(kW)
P0308	0	0	电动机额定功率因数(由变频器内部计算电机的功率因数)
P0310	50	50	电动机额定频率(Hz)
P0311	0	1300	电动机的额定转速为 1430 r/min

4. 设置数字输入控制端口参数

数字输入控制端口参数如表 3.5 所示。

表 3.5　数字输入控制端口参数

参数号	出厂值	设置值	说　明
P0003	1	1	设用户访问级为标准级
P0004	0	7	命令和数字 I/O
P0700	2	2	命令源选择由端子排输入
P0003	1	2	设用户访问级为扩展级
P0004	0	7	命令和数字 I/O

续表

参数号	出厂值	设置值	说 明
P0701	1	1	ON 接通正转，OFF 停止
P0702	1	2	ON 接通反转，OFF 停止
P0003	1	1	设用户访问级为标准级
P0004	0	10	设定值通道和斜坡函数发生器
P1000	2	1	由 MOP(电动电位计)输入设定值
P1080	0	0	电动机的最低运行频率(Hz)
P1082	50	50	电动机运行的最高频率(Hz)
P1120	10	5	斜坡上升时间(s)
P1121	10	5	斜坡下降时间(s)
P0003	1	2	设用户访问级为扩展级
P0004	0	10	设定通道和斜坡函数发生器
P1040	5	30	设定键盘控制频率

5. 操作控制

(1) 电动机正向运行。当接通开关 S1 时，变频器数字输入端口 DIN1 为"ON"，电动机按 P1120 所设置的 5 s 斜坡上升时间正向启动，经 5 s 后稳定运行在 1300 r/min 的转速上。此转速与 P1040 所设置的 30 Hz 频率对应。断开开关 S1，数字输入端口 DIN1 为"OFF"，电动机按 P1121 所设置的 5 s 斜坡下降时间停车，经 5 s 后电动机停止运行。

(2) 电动机反向运行。接通开关 S2，变频器输入端口 DIN2 为"ON"，电动机按 P1120 所设置的 5 s 斜坡上升时间反向启动，经过 5 s 后稳定运行在 1300 r/min 的转速上。此转速与 P1040 所设置的 30 Hz 频率相对应。断开开关 S2，数字输入端口 DIN2 为"OFF"，电动机按 P1121 所设置的 5 s 斜坡下降时间停车，经 15 s 后电动机停止运行。

(3) 在上述的操作中通过 BOP 面板操作功能键观察电动机运行的频率。

6. 思考题

(1) 利用变频器外部端子实现电动机的正反转及点动控制，设置 DIN1 为点动控制，DIN2 为正转，DIN3 为反转，加减速时间为 5 s。要求点动运行的频率为 10 Hz，正转频率为 20 Hz，反转频率为 30 Hz。画出外部接线图，写出参数设置结果。

(2) 利用变频器的 BOP 实现电动机的正反转及点动控制，通过 BOP 面板改变电动机运行的频率。

3.3　变频器的外接模拟量控制实验

一、实验目的

(1) 掌握 MM420 变频器的模拟信号输入端对电动机转速的控制。

(2) 掌握 MM420 变频器基本参数的设置方法。

(3) 掌握 MM420 变频器的运行操作过程。

二、实验仪器和设备

(1) 三相异步电动机：1 台。

(2) MM420 变频器：1 台。

(3) 连接导线：若干。

三、实验内容

用开关 S1 和 S2 控制 MM420 变频器，实现电动机正转和反转控制，由模拟输入端控制电动机转速的大小。DIN1 端口设为正转控制，DIN2 端口设为反转控制。AIN+端口和 AIN−端口作为模拟量输入端。

四、实验方法与步骤

1. 主电路接线图

主电路接线图如图 3.6 所示。

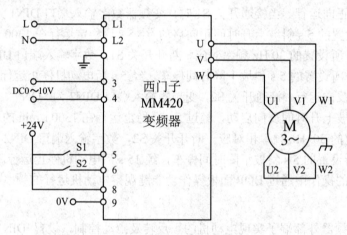

图 3.6　主电路接线图

2. 恢复变频器工厂默认值

设定 P0010 = 30 和 P0970 = 1，按下 P 键，开始复位，复位过程大约为 3 min，这样就保证了变频器的参数恢复到工厂默认值。

3. 设置电动机的参数(快速调试)

为了使电动机与变频器相匹配，需要设置电动机的参数。电动机用型号 100YS200 DY38(实验室配置)，其额定参数如下：

额定功率：200 W；

额定电压：380 V；

额定电流：0.61 A；

额定频率：50 Hz；

转速：1300 r/min；

星型接法。

电动机参数设置见表 3.6。电动机参数设置完成后，设 P0010=0，变频器当前处于准备状态，可正常运行。

表 3.6 电动机参数设置

参数号	出厂值	设置值	说 明
P0003	1	1	设用户访问级为标准级
P0010	0	1	快速调试
P0100	0	0	工作地区：功率以 kW 表示，频率为 50 Hz
P0304	230	380	电动机的额定电压(V)
P0305	3.25	0.61	电动机的额定电流(A)
P0307	0.75	0.2	电动机的额定功率(kW)
P0308	0	0	电动机额定功率因数(由变频器内部计算电机的功率因数)
P0310	50	50	电动机额定频率(Hz)
P0311	0	1300	电动机的额定转速为 1 430 r/min

4. 设置模拟量输入控制端口参数

模拟量输入控制端口参数如表 3.7 所示。

表 3.7 模拟量输入控制端口参数

参数号	出厂值	设置值	说 明
P0003	1	1	设用户访问级为标准级
P0004	0	7	命令和数字 I/O
P0700	2	2	命令源选择由端子排输入
P0003	1	2	设用户访问级为扩展级
P0004	0	7	命令和数字 I/O
P0701	1	1	ON 接通正转，OFF 停止
P0702	1	2	ON 接通反转，OFF 停止
P0003	1	1	设用户访问级为标准级
P0004	0	10	设定值通道和斜坡函数发生器
P1000	2	2	频率设定值选择为模拟输入
P1080	0	0	电动机运行的最低频率(Hz)
P1082	50	50	电动机运行的最高频率(Hz)

5. 变频器运行操作

1) 电动机正转与调速

按下电动机正转自锁按钮 SB1，数字输入端口 DINI 为"ON"，电动机正转运行，转速由外接电位器 RP1 来控制,模拟电压信号在 0～10 V 之间变化,对应变频器的频率在 0～50 Hz 之间变化,对应电动机的转速在 0～1300 r/min 之间变化。当松开带锁按钮 SB1 时,电动机停止运转。

2) 电动机反转与调速

按下电动机反转自锁按钮 SB2,数字输入端口 DIN2 为"ON",电动机反转运行,与电动机正转相同,反转转速的大小仍由外接电位器来调节。当松开带锁按钮 SB2 时,电动机停止运转。

3.4　变频器的多段速控制实验

一、实验目的

(1) 掌握变频器多段速频率控制方式。
(2) 掌握变频器多段速的参数设置。
(3) 掌握变频器多段速运行操作过程。

二、实验仪器和设备

(1) 三相异步电动机:1 台。
(2) MM420 变频器:1 台。
(3) 连接导线:若干。

三、实验内容

(1) 利用 MM420 变频器控制实现电动机七段速频率运转。
(2) DIN1、DIN2 和 DIN3 端口设为七段速频率输入选择,七段速度设置分别如下:

第一段:输出频率为 10 Hz;
第二段:输出频率为 15 Hz;
第三段:输出频率为 20 Hz;
第四段:输出频率为 25 Hz;
第五段:输出频率为 30 Hz;
第六段:输出频率为 35 Hz;
第七段:输出频率为 40 Hz。

四、实验方法与步骤

1. 主电路接线图

主电路接线图如图 3.7 所示。

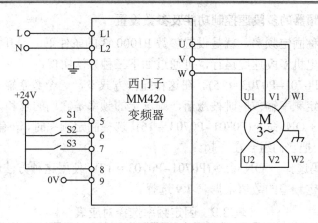

图 3.7　主电路接线图

2. 恢复变频器工厂默认值

设定 P0010 = 30 和 P0970 = 1，按下 P 键，开始复位，复位过程大约为 3 min，这样就保证了变频器的参数恢复到工厂默认值。

3. 设置电动机的参数(快速调试)

为了使电动机与变频器相匹配,需要设置电动机的参数。电动机用型号 100YS200 DY38(实验室配置)，其额定参数如下：

额定功率：200 W；

额定电压：380 V；

额定电流：0.61 A；

额定频率：50 Hz；

转速：1300 r/min；

星型接法。

电动机参数设置见表 3.8。电动机参数设置完成后，设 P0010=0，变频器当前处于准备状态，可正常运行。

表 3.8　电动机参数设置

参数号	出厂值	设置值	说　　　明
P0003	1	1	设用户访问级为标准级
P0010	0	1	快速调试
P0100	0	0	工作地区：功率以 kW 表示，频率为 50 Hz
P0304	230	380	电动机的额定电压(V)
P0305	3.25	0.61	电动机的额定电流(A)
P0307	0.75	0.2	电动机的额定功率(kW)
P0308	0	0	电动机额定功率因数(由变频器内部计算电机的功率因数)
P0310	50	50	电动机额定频率(Hz)
P0311	0	1300	电动机的额定转速为 1430 r/min

4. MM420 变频器的多段速控制功能及参数设置

多段速功能也称固定频率，就是设置参数 P1000=3 的条件下，用开关量端子选择固定频率的组合，实现电机多段速度运行，可通过如下三种方法实现：

(1) 直接选择(P0701–P0703 = 15)。在这种操作方式下，一个数字输入选择一个固定频率。如果有几个固定频率输入同时被激活，则选定的频率是它们的总和。

(2) 直接选择 + ON 命令(P0701–P0703 = 16)。选择固定频率时，既有选定的固定频率，又带有 ON 命令，把它们组合在一起。

(3) 二进制编码选择 + ON 命令(P0701–P0703 = 17)。使用这种方法最多可以选择七个固定频率。各个固定频率的数值根据表 3.9 选择。

表 3.9　固定频率选择对应表

频率设定	频率值	DIN3	DIN2	DIN1
	OFF	0	0	0
P1001	FF1	0	0	1
P1002	FF2	0	1	0
P1003	FF3	0	1	1
P1004	FF4	1	0	0
P1005	FF5	1	0	1
P1006	FF6	1	1	0
P1007	FF7	1	1	1

5. 设置模拟量输入控制端口参数

设置模拟量输入控制端口参数如表 3.10 所示。

表 3.10　七段固定频率控制参数表

参数号	出厂值	设置值	说　　明
P0003	1	1	设用户访问级为标准级
P0004	0	7	命令和数字 I/O
P0700	2	2	命令源选择由端子排输入
P0003	1	2	设用户访问级为扩展级
P0004	0	7	命令和数字 I/O
P0701	1	17	选择固定频率
P0702	1	17	选择固定频率
P0703	1	17	选择固定频率
P0003	1	1	设用户访问级为标准级
P0004	0	10	设定值通道和斜坡函数发生器
P1000	2	3	选择固定频率设定值
P0003	1	2	设用户访问级为扩展级

续表

参数号	出厂值	设置值	说　　明
P0004	0	10	设定值通道和斜坡函数发生器
P1001	0	10	设置固定频率1(Hz)
P1002	5	15	设置固定频率2(Hz)
P1003	10	20	设置固定频率3(Hz)
P1004	15	25	设置固定频率4(Hz)
P1005	20	30	设置固定频率5(Hz)
P1006	25	35	设置固定频率6(Hz)
P1007	30	40	设置固定频率7(Hz)

6. 变频器运行操作

(1) 第一频段控制。当 SB1 自锁按钮接通，SB2、SB3 自锁按钮断开时，变频器数字输入端口"5"为"ON"，端口"6"为"OFF"，端口"7"为"OFF"，变频器工作在由 P1001 参数所设定的频率为 10 Hz 的第一频段上。

(2) 第二频段控制。当 SB2 自锁按钮接通，SB1、SB3 自锁按钮断开时，变频器数字输入端口"6"为"ON"，端口"5"为"OFF"，端口"7"为"OFF"，变频器工作在由 P1002 参数所设定的频率为 15 Hz 的第二频段上。

(3) 第三频段控制。当 SB1、SB2 自锁按钮接通，SB3 自锁按钮断开时，变频器数字输入端口"5"为"ON"，端口"6"为"ON"，端口"7"为"OFF"，变频器工作在由 P1003 参数所设定的频率为 20 Hz 的第三频段上。

(4) 其他段速控制。根据表 3.10 控制按钮 SB1、SB2、SB3 的通断，变频器工作在由 P1004~P1007 参数所设定的频段上。

注意：七个频段的频率值可根据用户要求来修改 P1001~P1003 的固定频率值。当电动机需要反向运行时，只要将向对应频段的频率值设定为负就可以实现。

3.5　基于 PLC 的三相异步电动机正反转控制系统设计实训

一、控制要求分析

通过 S7-226 型 PLC 和 MM420 变频器联机，实现对电动机的正、反转控制。按下正转按钮 SB1，电动机启动并运行，频率为 30 Hz。按下反转按钮 SB2，电动机反向运行，频率为 30 Hz。按下停止按钮 SB3，电动机停止运行，电动机加减速时间为 5 s。

二、硬件选型及 I/O 分配

1. 硬件设备

三相异步电动机 1 台；MM420 变频器 1 台；西门子 S7-200 PLC/CPU 226CN 1 台。

2. I/O 分配

I1.5　　电动机正转按钮　　　　　　　　Q0.0　　电动机正转

I1.6　　电动机反转按钮　　　　　　　　Q0.1　　电动机反转

I1.7　　电动机停止按钮

三、电气控制接线图

主电路接线图如图 3.8 所示。

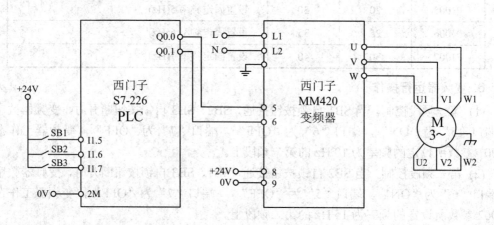

图 3.8　主电路接线图

四、变频器参数设置

1. 恢复变频器工厂默认值

设定 P0010 = 30 和 P0970 = 1，按下 P 键，开始复位，复位过程大约为 3 min，这样就保证了变频器的参数恢复到工厂默认值。

2. 设置电动机的参数(快速调试)

为了使电动机与变频器相匹配,需要设置电动机的参数。电动机用型号 100YS200 DY38(实验室配置),其额定参数如下:

额定功率：200 W；

额定电压：380 V；

额定电流：0.61 A；

额定频率：50 Hz；

转速：1300 r/min；

星型接法。

电动机参数设置见表 3.11。电动机参数设置完成后，设 P0010 = 0，变频器当前处于准备状态，可正常运行。

表 3.11 电动机参数设置

参数号	出厂值	设置值	说　明
P0003	1	1	设用户访问级为标准级
P0010	0	1	快速调试
P0100	0	0	工作地区：功率以 kW 表示，频率为 50 Hz
P0304	230	380	电动机的额定电压(V)
P0305	3.25	0.61	电动机的额定电流(A)
P0307	0.75	0.2	电动机的额定功率(kW)
P0308	0	0	电动机额定功率因数(由变频器内部计算电机的功率因数)
P0310	50	50	电动机额定频率(Hz)
P0311	0	1300	电动机的额定 1430 r/min

3. MM420 变频器的参数设置

MM420 变频器的参数设置如表 3.12 所示。

表 3.12 MM420 变频器的参数设置

参数号	出厂值	设置值	说　明
P0003	1	1	设用户访问级为标准级
P0004	0	7	命令，二进制 I/O
P0700	2	2	由端子排输入
P0003	1	2	设用户访问级为扩展级
P0004	0	7	命令，二进制 I/O
P0701	1	1	ON 接通正转，OFF 接通停止
P0702	1	2	ON 接通反转，OFF 接通停止
P0703	9	10	正向点动
P0704	15	11	反向点动
P0003	1	1	设用户访问级为标准级
P0004	0	10	设定值通道和斜坡函数发生器
P1000	2	1	频率设定值为键盘(MOP)设定值
P1080	0	0	电动机运行的最低频率(Hz)
P1082	50	50	电动机运行的最高频率(Hz)
P1120	10	5	斜坡上升时间(s)
P1121	10	5	斜坡下降时间(s)
P0003	1	2	设用户访问级为扩展级
P0004	0	10	设定值通道和斜坡函数发生器
P1040	5	30	设定键盘控制的频率值(Hz)

五、梯形图程序编写

1. PLC 参考程序

根据控制要求确定 PLC 的 I/O 分配，在 STEP 7-Micro/WIN 编程软件中进行控制程序设计，并用一根 PC/PPI 编程电缆将程序下载到 S7-226 PLC 中，参考程序如图 3.9 所示。

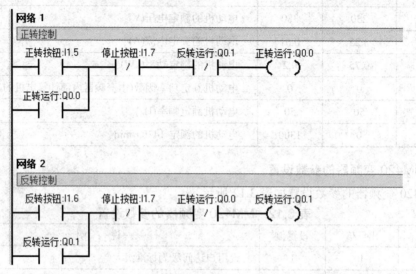

图 3.9　PLC 参考程序

2. 电路工作过程

(1) 电动机正转运行。当按下正转按钮 SB1 时，PLC 输入继电器 I1.5 得电，其常开触点闭合，输出继电器 Q0.0 得电并自锁。变频器 MM420 的数字输入端口 DIN1(即 5 脚)为"ON"状态。电动机按 P1120 所设置的 5 s 斜坡上升时间正向启动，经过 5 s 后，电动机正转稳定运行在由 P1040 所设置的 30 Hz 频率对应的转速上。此时 Q0.0 的常闭触点断开，输出继电器 Q0.1 不能得电，实现互锁。

(2) 电动机反转运行。当按下反转按钮 SB2 时，PLC 输入继电器 I1.6 得电，其常开触点闭合，输出继电器 Q0.1 得电并自锁。变频器 MM420 的数字输入端口 DIN2(即 6 脚)为"ON"状态。电动机按 P1120 所设置的 5 s 斜坡上升时间反向启动，经 5 s 后，电动机反向稳定运行在由 P1040 所设置的 30 Hz 频率对应的转速上。此时 Q0.1 的常闭触点断开，输出继电器 Q0.0 不能得电，实现互锁。

(3) 电动机停车。无论电动机当前处于正转或反转运行状态，当按下停止按钮 SB3 后，输入继电器 I1.7 得电，其常闭触点断开，使输出继电器 Q0.0(或 Q0.1)线圈失电，变频器 MM420 端口 5(或 6)为"OFF"状态，电动机按 P1121 所设置的 5 s 斜坡下降时间正向(或反向)开始停车，经 5 s 后电动机运行停止。

3. 思考题

利用 PLC 和变频器联机控制实现电动机的延时控制，按下正转按钮，电动机延时 10 s 后正向启动，运行频率为 25 Hz，电动机加速时间为 5 s。电动机正向运行 30 s 后，自动反向运行，运行频率为 25 Hz，电动机反向运行 30 s，电动机再正向运行，如此反复，在任何时刻按下停止按钮电动机停止。画出 PLC 和变频器联机接线图，写出 PLC 程序和变频器参数设置结果。

3.6 基于 PLC 的三相异步电动机多段速控制系统设计实训

一、控制要求分析

通过 S7-226 型 PLC 和 MM420 变频器联机，实现电动机三段速频率运行控制，按下启动按钮 SB1，电动机启动并运行在第一段，频率为 10 Hz，延时 10 s 后电动机运行在第二段，频率为 20 Hz，再延时 10 s 后电动机反向运行在第三段，频率为 30 Hz。按下停车按钮，电动机停止运行。

二、硬件选型及 I/O 分配

1. 硬件设备

三相异步电动机 1 台；MM420 变频器 1 台；西门子 S7-200 PLC/CPU 226 CN 1 台。

2. I/O 分配

变频器数字输入 DIN1、DIN2 端口通过 P0701、P0702 参数设为三段固定频率控制端，每一频段的频率可分别由 P1001、P1002 和 P1003 参数设置。变频器数字输入 DIN3 端口设为电动机运行、停止控制端，可由 P0703 参数设置。

I1.5	电动机停止按钮	Q0.0	DIN1
I1.6	电动机启动按钮	Q0.1	DIN2
		Q0.2	DIN3

三、电气控制接线图

电气接线图 3.10 所示。

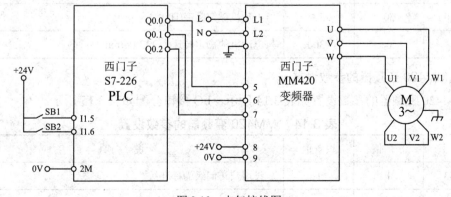

图 3.10 电气接线图

四、变频器参数设置

1. 恢复变频器工厂默认值

设定 P0010 = 30 和 P0970 = 1，按下 P 键，开始复位，复位过程大约为 3 min，这样就保证了变频器的参数恢复到工厂默认值。

2. 设置电动机的参数(快速调试)

为了使电动机与变频器相匹配，需要设置电动机的参数。电动机用型号100YS200DY38(实验室配置)，其额定参数如下：

额定功率：200 W；

额定电压：380 V；

额定电流：0.61 A；

额定频率：50 Hz；

转速：1300 r/min；

星型接法。

电动机参数设置见表 3.13。电动机参数设置完成后，设 P0010=0，变频器当前处于准备状态，可正常运行。

表 3.13　电动机参数设置

参数号	出厂值	设置值	说　　明
P0003	1	1	设用户访问级为标准级
P0010	0	1	快速调试
P0100	0	0	工作地区：功率以 kW 表示，频率为 50 Hz
P0304	230	380	电动机的额定电压(V)
P0305	3.25	0.61	电动机的额定电流(A)
P0307	0.75	0.2	电动机的额定功率(kW)
P0308	0	0	电动机额定功率因数(由变频器内部计算电机的功率因数)
P0310	50	50	电动机额定频率(Hz)
P0311	0	1300	电动机的额定转速为 1430 r/min

3. MM420 变频器的参数设置

MM420 变频器的参数设置如表 3.14 所示，I/O 接口分配如表 3.15 所示。

表 3.14　MM420 变频器的参数设置

参数号	出厂值	设置值	说　　明
P0003	1	1	设用户访问级为标准级
P0004	0	7	命令和数字 I/O

续表

参数号	出厂值	设置值	说　明
P0700	2	2	命令源选择由端子排输入
P0003	1	2	设用户访问级为扩展级
P0004	0	7	命令和数字 I/O
P0701	1	17	选择固定频率
P0702	1	17	选择固定频率
P0703	1	1	ON 接通正转，OFF 接通停止
P0003	1	1	设用户访问级为标准级
P0004	0	10	设定值通道和斜坡函数发生器
P1000	2	3	选择固定频率设定值
P0003	1	2	设用户访问级为扩展级
P0004	0	10	设定值通道和斜坡函数发生器
P1001	0	10	设置固定频率 1(Hz)
P1002	5	20	设置固定频率 2(Hz)
P1003	10	30	设置固定频率 3(Hz)

表 3.15　I/O 接口分配表

固定频率	Q0.0 (端口 5)	Q0.1 (端口 6)	Q0.2(端口 7)	对应参数	频率/Hz
1	1	0	1	P1001	10
2	0	1	1	P1002	20
3	1	1	1	P1003	30
停止	—	—	0	—	0

五、梯形图程序编写

1. PLC 参考程序

根据控制要求确定 PLC 的 I/O 分配，在 STEP 7-Micro/WIN 编程软件中进行控制程序设计，并用一根 PC/PPI 编程电缆将程序下载到 S7-226 PLC 中，PLC 参考程序如图 3.11 所示。

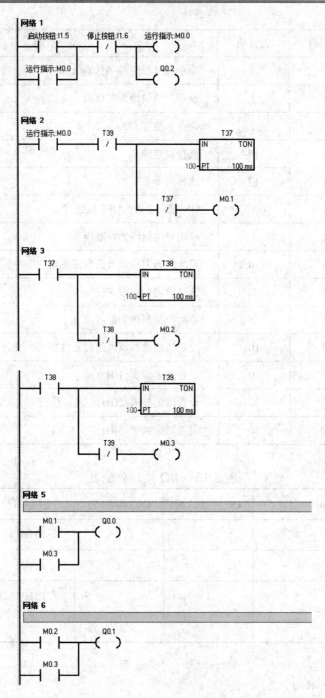

图 3.11　PLC 参考程序

2. 电路工作过程

(1) 电动机工作在第一频段。按下程序启动按钮 SB1 时，PLC 的输入继电器 I1.5 得电，I1.5 的常开触点闭合，辅助继电器 M0.0 得电并自锁，M0.0 的常开触点闭合，输出继电器的 Q0.0、Q0.2 得电，同时定时器 T37 得电计时。

Q0.0 得电时，与 Q0.0 相连的变频器端口 DIN1(5 脚)为 "ON" 状态，Q0.2 得电时，与 Q0.2 相连的变频器端口 DIN3(7 脚)为 "ON" 状态，电动机进入第一频段工作。

(2) 电动机工作在第二频段。T37 延时时间(10s)到，T37 的位常开触点闭合，辅助继电器 M0.2 得电，M0.2 常开触点闭合，输出继电器 Q0.1 得电，同时定时器 T38 得电计时。

Q0.1 得电，其常开触点闭合，变频器端口(6 脚)为 "ON"；由于 Q0.2 继续保持得电，变频器端口(7 脚)仍为 "ON"，电动机进入第二频段工作。

(3) 电动机工作在第三频段。T38 延时时间(10s)到，T39 的位常开触点闭合，辅助继电器 M0.3 得电，M0.3 常开触点闭合，输出继电器 Q0.0、Q0.1 得电，变频器端口(5 脚、6 脚)为"ON"，由于 Q0.3 继续保持得电，变频器端口(7 脚)仍为 "ON"，电动机进入第三频段工作。

(4) 停机。按下停止按钮 SB2，输入继电器 I1.6 得电，I1.6 的常闭触点断开，电动机停止。

3. 思考题

联机控制实现电动机七段速频率运转。七段速设置分别如下：

第一段：输出频率为 10 Hz；

第二段：输出频率为 –10 Hz；

第三段：输出频率为 20 Hz；

第四段：输出频率为 30 Hz；

第五段：输出频率为 –20 Hz；

第六段：输出频率为 –30 Hz；

第七段：输出频率为 35 Hz。

画出 PLC 和变频器联机接线图，写出 PLC 程序和变频器参数设置结果。

3.7 基于 PLC 的三相异步电动机变频调速控制系统设计实训

一、控制要求分析

通过 S7-226 型 PLC 和 MM420 变频器联机，实现电动机多个频率的运行控制。按下启动按钮 SB1，电动机启动并运行在第一段，频率为 5 Hz，延时 10 s 后电动机运行在第二段，频率为 10 Hz，再延时 10 s 后电动机反向运行在第三段，频率为 15 Hz，再延时 10 s 后电动机反向运行在第四段，频率为 20 Hz，再延时 10 s 后电动机反向运行在第五段，频率为 25 Hz，再延时 10 s 后电动机反向运行在第六段，频率为 30 Hz。按下停车按钮，电动机停止运行。

二、硬件选型及 I/O 分配

1. 硬件设备

三相异步电动机 1 台；MM420 变频器 1 台；西门子 S7-200 PLC/CPU 226 CN 1 台。

2. I/O 分配

I1.5	电动机运行按钮	Q0.0	电动机正转运行
I1.6	电动机停止按钮	Q0.1	电动机反转运行

三、电气控制接线图

电路接线图如图 3.12 所示。

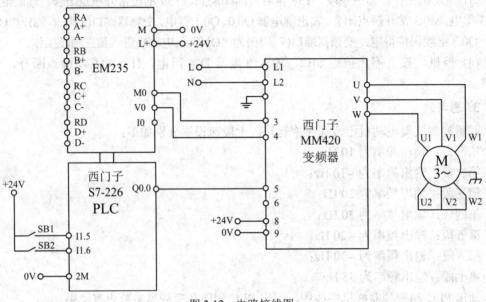

图 3.12　电路接线图

四、变频器参数设置

1. 恢复变频器工厂默认值

设定 P0010 = 30 和 P0970 = 1，按下 P 键，开始复位，复位过程大约为 3 min，这样就保证了变频器的参数恢复到工厂默认值。

2. 设置电动机的参数(快速调试)

为了使电动机与变频器相匹配，需要设置电动机的参数。电动机用型号100YS200DY38(实验室配置)，其额定参数如下：

额定功率：200 W；

额定电压：380 V；

额定电流：0.61 A；

额定频率：50 Hz；

转速：1300 r/min；

星型接法。

电动机参数设置见表 3.16。电动机参数设置完成后，设 P0010=0，变频器当前处于准备状态，可正常运行。

表 3.16　电动机参数设置

参数号	出厂值	设置值	说　明
P0003	1	1	设用户访问级为标准级
P0010	0	1	快速调试
P0100	0	0	工作地区：功率以 kW 表示，频率为 50 Hz
P0304	230	380	电动机的额定电压(V)
P0305	3.25	0.61	电动机的额定电流(A)
P0307	0.75	0.2	电动机的额定功率(kW)
P0308	0	0	电动机额定功率因数(由变频器内部计算电机的功率因数)
P0310	50	50	电动机额定频率(Hz)
P0311	0	1300	电动机的额定转速为 1430 r/min

3. 设置模拟量输入控制端口参数

模拟量输入控制端口参数如表 3.17 所示。

表 3.17　模拟量输入控制端口参数

参数号	出厂值	设置值	说　明
P0003	1	1	设用户访问级为标准级
P0004	0	7	命令和数字 I/O
P0700	2	2	命令源选择由端子排输入
P0003	1	2	设用户访问级为扩展级
P0004	0	7	命令和数字 I/O
P0701	1	1	ON 接通正转，OFF 停止
P0702	1	2	ON 接通反转，OFF 停止
P0003	1	1	设用户访问级为标准级
P0004	0	10	设定值通道和斜坡函数发生器
P1000	2	2	频率设定值选择为模拟输入
P1080	0	0	电动机运行的最低频率(Hz)
P1082	50	50	电动机运行的最高频率(Hz)

五、梯形图程序编写

1. PLC 参考程序

根据控制要求确定 PLC 的 I/O 分配，在 STEP 7-Micro/WIN 编程软件中进行控制程序设计，并用一根 PC/PPI 编程电缆将程序下载到 S7-226 PLC 中，PLC 参考程序如图 3.13 所示。

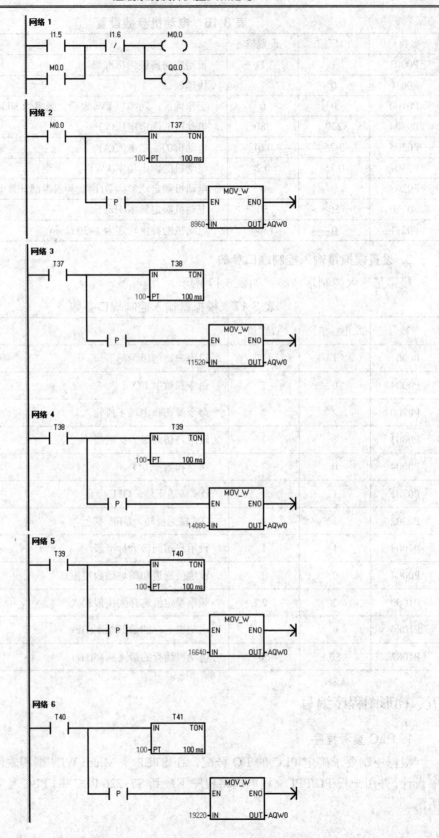

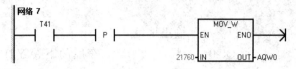

图 3.13　PLC 参考程序

2. 电路工作过程

按下电动机运行按钮 SB1，数字输入端口 DINI 为 "ON"，电动机正转运行，转速由 EM235 模块的模拟量输出端来控制，模拟电压信号在 0～10 V 之间变化，对应变频器的频率在 0～50 Hz 之间变化，对应电动机的转速在 0～1300 r/min 之间变化，可以通过修改 AIQW0 的输出值来改变电动机的转速。

按下停止按钮 SB2，输入继电器 I1.6 得电，I1.6 的常闭触点断开，电动机停止。

3. 思考题

将模拟量转换程序编成带参数的子程序，每次进行调用时，只需要输入相应的频率值，不需要进行手动计算 AIQW0 的输入值。

画出 PLC 和变频器联机接线图，写出 PLC 程序和变频器参数设置结果。

3.8　自动车库门触摸屏监控系统设计实训

一、控制要求分析

初始状态：车库门上卷指示灯、车库门下卷指示灯、车库门动作指示灯均为 OFF；车感信号、车位信号、下限位和下限位均为 OFF。

(1) 当车感信号接收到汽车车灯的闪光信号后，车库门自动上卷(上卷指示灯为 ON)，且车库上卷过程中动作指示灯保持 ON 状态，到达上限位时，车库门停止上卷(上卷指示灯为 OFF)，同时动作指示灯灭。

(2) 当车开进车库，到达车位信号时，车位信号指示灯为 ON(灯亮)，15 s 后车库门下卷关闭(下卷指示灯为 ON)，同时车库门下卷过程中动作指示灯保持 ON 状态，到达下限位时，车库门停止下卷(下卷指示灯为 OFF)，同时动作指示灯灭。

(3) 车库门内外设有内控按钮内控手动上卷、内控手动下卷、内控手动停止和外控按钮外控手动上卷、外控手动下卷、外控手动停止，可以分别在车库内外以手动的方式打开和关闭车库门，并可随时停止。动作时的效果和自动控制时相同。

(4) 车感信号、车位信号、下限位和下限位信号均使用触摸屏中的位状态切换开关来模拟，车库门上卷指示灯、车库门下卷指示灯、车库门动作指示灯使用触摸屏中的位状态指示灯来显示其状态。

二、硬件选型及 I/O 分配

1. 硬件选型

西门子 S7-200 PLC/CPU 226；威纶通触摸屏；实验挂箱。

2. I/O 分配

输出地址

车库门上卷(Y1)	Q0.0	车库门下卷(Y2)	Q0.1
动作指示(Y3)	Q0.2		

三、触摸屏监控画面设计

1. 创建一个新的空白的工程

(1) 启 动 EasyBuilder8000 Project Manager 威纶通触摸屏编程软件，机型选择"MT6000/8000 i Series，TK6000 Series"，连接方式选择"USB"，如图 3.14 所示。

图 3.14　EasyBuilder8000 启动

(2) EasyBuilder8000 弹出新建项目对话框，选择"开新文件"，单击"确定"按钮，如图 3.15 所示。

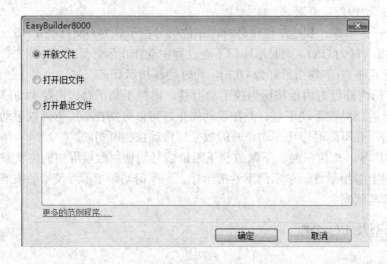

图 3.15　开新文件

（3）在 HMI 对话框中选择 HMI 的型号 MT6070iH/MT8070iH，单击"确定"按钮，如图 3.16 所示。

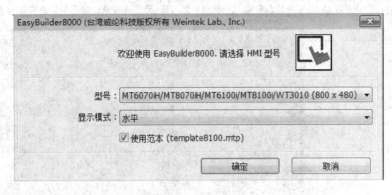

图 3.16 HMI 型号

（4）在系统参数设置对话框中单击"新增"按钮，弹出"设备属性"对话框，设备名称输入"S7-200"，PLC 类型选择"Siemens S7-200 PPI"，其他属性使用默认设置，如图 3.17 所示。

图 3.17 设备属性对话框

（5）单击"确定"按钮，进入 EasyBuilderB8000 编辑画面，其中右侧空白区域为模拟的触摸屏窗口，在上面可以添加各种元件，如图 3.18 所示。

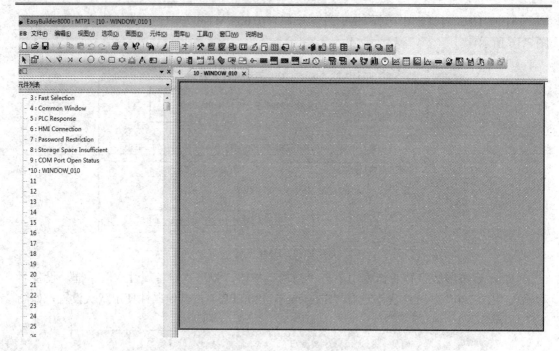

图 3.18　编辑画面

2. 创建自动车库门触摸屏监控画面

以添加一个外控手动上卷开关为例，其他元件的添加和属性修改以此为参考。

(1) 在工具栏中选择位状态切换开关图标 🔷，这时将弹出位状态切换开关属性对话框，按照要求设置开关属性如图 3.19 所示。

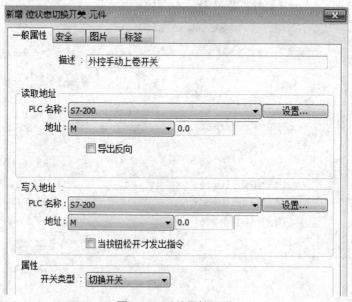

图 3.19　开关属性设置

(2) 给开关元件选择一张图片。切换到"图片"页，选中"使用图片"复选框，并单击"图库"按钮，如图 3.20 所示。

图 3.20 元件图片选择

(3) 弹出"图片库管理"对话框，选择合适的图片添加给开关元件，单击"确定"按钮进行添加，如图 3.21 所示。

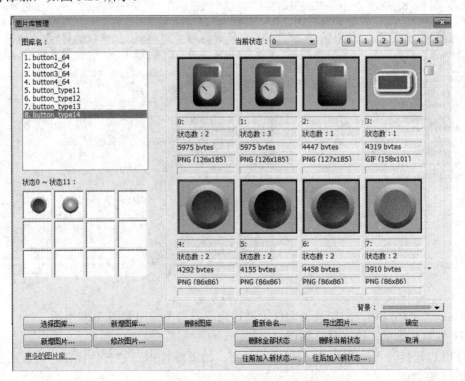

图 3.21 "图片库管理"对话框

(4) 如果想在开关元件上显示文字，可以单击"标签"属性页，分别设置开关状态 0 和 1 时元件显示的文字内容。标签项属性设置如图 3.22 所示。

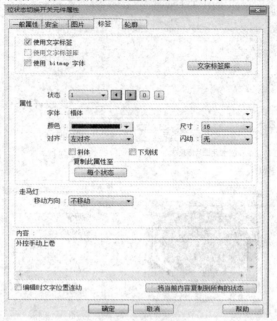

图 3.22　标签项属性设置

(5) 在屏幕空白处单击鼠标左键，把元件放置在一个合适的位置，如图 3.23 所示。

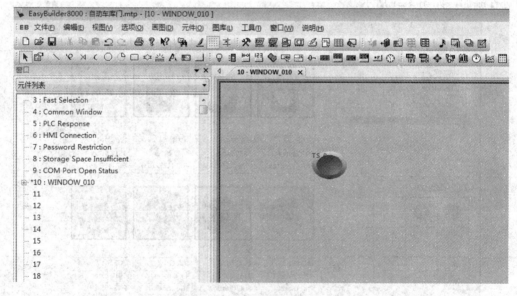

图 3.23　放置元件

(6) 参考上述过程，添加其他元件，创建完成的参考画面如图 3.24 所示。

(7) 保存触摸屏工程文件，编译并下载。

与 PLC 连接时需注意 I、Q 只能读不能写，如果要对 PLC 进行位操作，可以通过内部存储器 M 来完成。

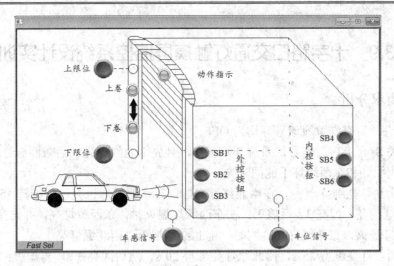

图 3.24　自动车库门触摸屏监控系统

四、梯形图程序编写

编写带触摸屏的 PLC 程序，参考程序如图 3.25 所示。

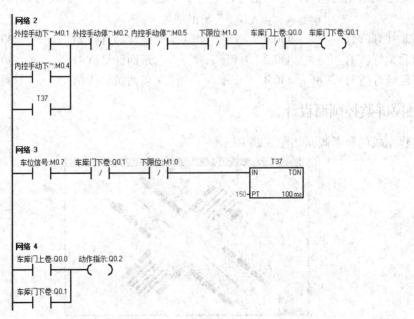

图 3.25　PLC 参考程序

3.9　十字路口交通灯触摸屏监控系统设计实训

一、控制要求分析

初始状态：所有红黄绿信号灯均为 OFF。

(1) 开关 S_0 合上后，信号灯系统开始工作，且先南北红灯亮，后东西绿灯亮。

(2) 南北绿灯和东西绿灯不能同时亮。

(3) 南北红灯亮维持 20 s，在南北红灯亮的同时东西绿灯也亮，并维持 15 s；到 15 s 时，东西绿灯闪亮，闪亮 3 s 后熄灭；在东西绿灯熄灭时，东西黄灯亮，并维持 2 s；到 2 s 时，东西黄灯熄灭，东西红灯亮；同时，南北红灯熄灭，南北绿灯亮。

(4) 东西红灯亮维持 25 s，南北绿灯亮维持 20 s，然后闪亮 3 s，再熄灭；同时南北黄灯亮，维持 2 s 后熄灭，这时南北红灯亮，东西绿灯亮。

(5) 周而复始，开关 S_0 断开后，所有信号灯熄灭。

(6) 开关 S_0 的操作使用触摸屏的位切换开关实现，南北红绿黄灯、东西红绿黄灯的状态均使用触摸屏中的位状态指示灯来显示。

二、硬件选型及 I/O 分配

1. 硬件选型

西门子 S7-200 PLC/CPU 226 CN；威纶通触摸屏；实验挂箱。

2. I/O 分配

根据控制系统的输入、输出信号，进行 I/O 地址分配，同学们也可以自行分配 I/O。

输出地址

南北红灯(Y1)	Q0.0	南北绿灯(Y2)	Q0.1
南北黄灯(Y3)	Q0.2	东西红灯(Y4)	Q0.3
东西绿灯(Y5)	Q0.4	东西黄灯(Y6)	Q0.5

三、触摸屏监控画面设计

创建完成的参考画面如图 3.26 所示。

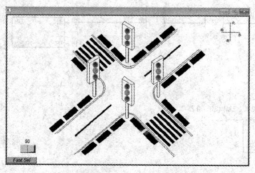

图 3.26　路口交通灯触摸屏监控系统

四、梯形图程序编写

编写带触摸屏的 PLC 程序，参考程序如图 3.27 所示。

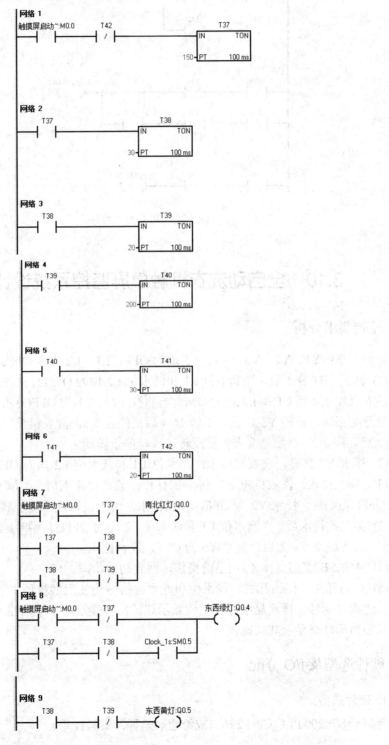

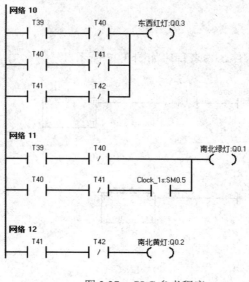

图 3.27　PLC 参考程序

3.10　全自动洗衣机触摸屏监控系统设计实训

一、控制要求分析

初始状态：Y1、Y2、Y3、Y4、Y5 均为 OFF；L1、L2 均为 OFF。

(1) 开关 SB1 合上后，当高水位 L1 和低水位 L2 均为 OFF(灯灭)时，进水 Y1 灯亮，开始往洗衣机注水；当 L1 和 L2 均为 ON(灯亮)时，进水 Y1 为 OFF(灯灭)，停止进水。此时，洗衣机开始正转，正转 Y3 灯亮，正转 10 s 后，停止 5 s，洗衣机反转，反转 Y4 灯亮，反转 10 s 后，停止 5 s；如此洗衣机正反转三次，停止转动。

(2) 排水 Y2 灯亮，洗衣机排水；高水位 L1 和低水位 L2 均为 OFF(灯灭)时，排水 Y2 为 OFF，停止排水，洗衣机重复步骤(1)的操作；第二次排水后，当满水位 L1 和低水位 L2 均为 OFF(灯灭)时，排水 Y2 为 OFF，停止排水，洗衣机再次重复步骤(1)的操作。

(3) 第三次排水后，当满水位 L1 和低水位 L2 均为 OFF(灯灭)时，洗衣机开始脱水，脱水 Y5 灯亮，脱水 5 s 之后，脱水 Y5 为 OFF，脱水停止。

(4) 开关 SB2 合上后，停止当前操作，回到初始状态。

(5) 启动开关、停止开关、满水位和低水位信号均使用触摸屏中的位状态切换开关来模拟，进水显示灯、排水显示灯、正转显示灯、反转显示灯、脱水显示灯均使用触摸屏中的位状态指示灯来显示其状态。

二、硬件选型及 I/O 分配

1. 硬件选型

西门子 S7-200 PLC/CPU 226；威纶通触摸屏；实验挂箱。

2. I/O 分配

根据控制系统的输入、输出信号，进行 I/O 地址分配，同学们也可以自行分配 I/O。

输出地址

进水显示灯(Y1)	Q0.0	排水显示灯(Y2)	Q0.1
正转显示灯(Y3)	Q0.2	反转显示灯(Y4)	Q0.3
脱水显示灯(Y5)	Q0.4		

三、触摸屏监控画面设计

创建完成的参考画面如图 3.28 所示。

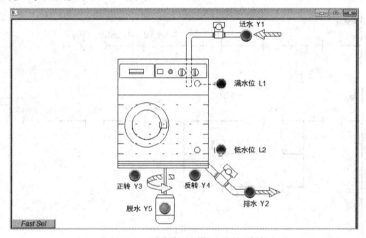

图 3.28　洗衣机触摸屏监控系统

四、梯形图程序编写

编写带触摸屏的 PLC 程序，参考程序如图 3.29 所示。

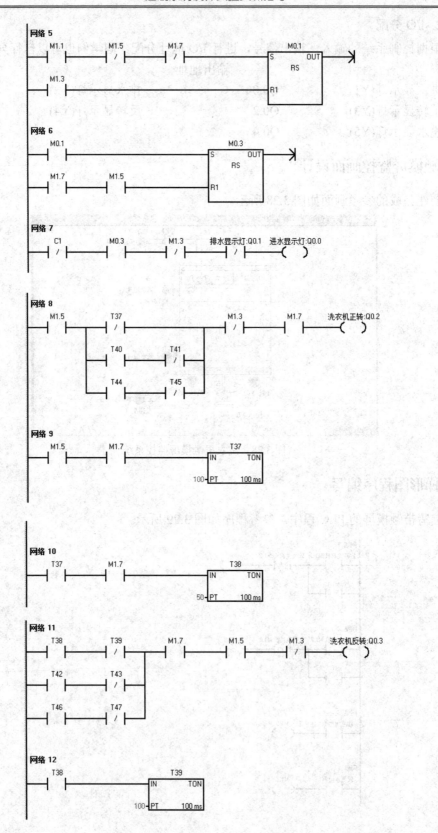

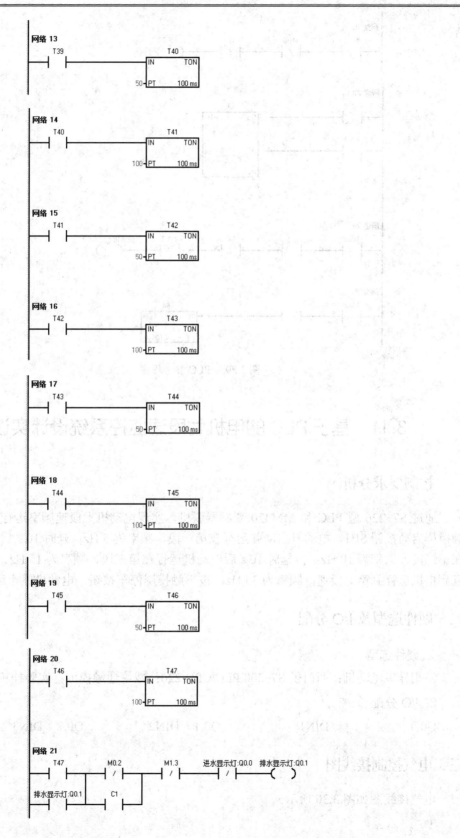

网络 13

T39   T40
       IN   TON
    50-PT   100 ms

网络 14

T40   T41
       IN   TON
   100-PT   100 ms

网络 15

T41   T42
       IN   TON
    50-PT   100 ms

网络 16

T42   T43
       IN   TON
   100-PT   100 ms

网络 17

T43   T44
       IN   TON
    50-PT   100 ms

网络 18

T44   T45
       IN   TON
   100-PT   100 ms

网络 19

T45   T46
       IN   TON
    50-PT   100 ms

网络 20

T46   T47
       IN   TON
   100-PT   100 ms

网络 21

T47   M0.2   M1.3   进水显示灯:Q0.0   排水显示灯:Q0.1
          /   /   /   ( )
排水显示灯:Q0.1 C1

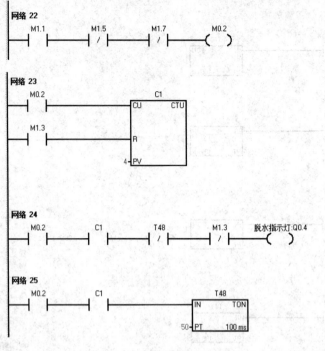

图 3.29　　PLC 参考程序

3.11　基于 PLC 的电机七段速监控系统设计实训

一、控制要求分析

　　通过 S7-226 型 PLC 和 MM420 变频器联机，实现电动机七段速频率运行控制，按下触摸屏启动按钮 SB1，电动机启动并运行在第一段，频率为 5 Hz；延时 10 s 后电动机运行在第二段，频率为 10 Hz；再延时 10 s 后电动机运行在第三段，频率为 15 Hz。以此类推，直到电机运行到第七段速，频率为 35 Hz。按下触摸屏停车按钮，电动机停止运行。

二、硬件选型及 I/O 分配

1. 硬件选型

三相异步电动机；西门子 S7-200 PLC/CPU 226；威纶通触摸屏；实验挂箱。

2. I/O 分配

| Q0.0 | DIN1 | Q0.1 | DIN2 | Q0.2 | DIN3 |

三、电气控制接线图

　　电气接线图如图 3.30 所示。

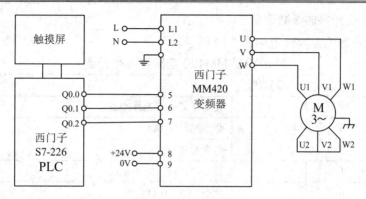

图 3.30　电气接线图

四、变频器参数设置

1. 恢复变频器工厂默认值

设定 P0010 = 30 和 P0970 = 1，按下 P 键，开始复位，复位过程大约为 3 min，这样就保证了变频器的参数恢复到工厂默认值。

2. 设置电动机的参数(快速调试)

为了使电动机与变频器相匹配，需要设置电动机的参数。电动机用型号 100YS200DY38 (实验室配置)，其额定参数如下：

额定功率：200 W；

额定电压：380 V；

额定电流：0.61 A；

额定频率：50 Hz；

转速：1300 r/min；

星型接法。

电动机参数设置见表 3.18。电动机参数设置完成后，设 P0010=0，变频器当前处于准备状态，可正常运行。

表 3.18　电动机参数设置

参数号	出厂值	设置值	说　　明
P0003	1	1	设用户访问级为标准级
P0010	0	1	快速调试
P0100	0	0	工作地区：功率以 kW 表示，频率为 50 Hz
P0304	230	380	电动机的额定电压(V)
P0305	3.25	0.61	电动机的额定电流(A)
P0307	0.75	0.2	电动机的额定功率(kW)
P0308	0	0	电动机额定功率因数(由变频器内部计算电机的功率因数)
P0310	50	50	电动机额定频率(Hz)
P0311	0	1300	电动机的额定转速为 1430 r/min

3. MM420 变频器的参数设置

MM420 变频器的参数设置如表 3.19 所示。

表 3.19 MM420 变频器参数设置

参数号	出厂值	设置值	说　明
P0003	1	1	设用户访问级为标准级
P0004	0	7	命令和数字 I/O
P0700	2	2	命令源选择由端子排输入
P0003	1	2	设用户访问级为扩展级
P0004	0	7	命令和数字 I/O
P0701	1	17	选择固定频率
P0702	1	17	选择固定频率
P0703	1	17	选择固定频率
P0003	1	1	设用户访问级为标准级
P0004	0	10	设定值通道和斜坡函数发生器
P1000	2	3	选择固定频率设定值
P0003	1	2	设用户访问级为扩展级
P0004	0	10	设定值通道和斜坡函数发生器
P1001	0	5	设置固定频率 1(Hz)
P1002	5	10	设置固定频率 2(Hz)
P1003	10	15	设置固定频率 3(Hz)
P1004	15	20	设置固定频率 4(Hz)
P1005	20	25	设置固定频率 5(Hz)
P1006	25	30	设置固定频率 6(Hz)
P1007	30	35	设置固定频率 7(Hz)

五、触摸屏监控画面设计

电机七段速触摸屏监控系统画面如图 3.31 所示。

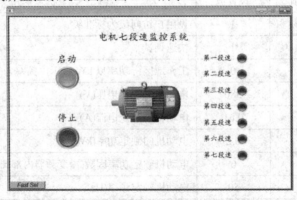

图 3.31　电机七段速触摸屏监控系统

六、梯形图程序编写

编写带触摸屏的 PLC 程序，参考程序如图 3.32 所示。

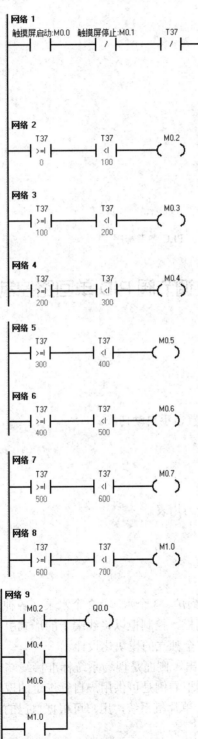

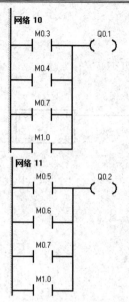

图 3.32　　PLC 参考程序

3.12　单容下水箱液位调节阀 PID 单回路控制实验

一、实验目的

(1) 了解 A3000 实验系统的原理。
(2) 熟悉控制系统的工艺过程。
(3) 掌握智能调节器的使用、参数设置、手自动切换。
(4) 掌握 PID 参数的设定与调节方法。

二、实验设备

A3000 过程控制实验系统、计算机、万用表。

三、实验原理

1. A3000 的特点

(1) 现场系统由供电系统、变频器、锅炉、3 个水箱、2 个水泵、各种检测元件、管道等组成。现场设备的所有接线均引到控制柜，控制柜以接线端子的形式引出，方便实验接线和使用，实现了现场系统与控制系统完全独立的模块化设计。

(2) 控制柜的接线以接线端子形式引出，侧面是现场系统标准接线端子盒，现场系统的接线可以通过各种端口进行连接。控制柜右侧是可供用户自行选定的现场系统的控制方式，包括智能仪表控制系统、PLC 系统、单片机系统，用户可根据自己的需要选择控制方式对现场系统进行控制。

(3) 现场系统的设计保证了控制系统只需要直流低压就可以了，使得系统设计更模块化，更安全，具有更大的扩展性。

A3000 高级过程控制实验系统组成图如图 3.33 所示。

图 3.33 A3000 高级过程控制实验系统组成图

2. 现场系统面板

(1) 电源：220 V AC 单相电源开关，380 V AC 三相电源开关。

(2) 开关：3 个旋钮开关，分别是工频电源开关、变频器控制水泵的开关和变频器正转启动控制开关。水泵的电力来源可以是工频，也可以是变频器。工频控制方式下，水泵的控制频率一定，水泵的出水速度恒定。变频器控制方式下，变频器的控制频率可调，变频器的输出设置为 0～50 Hz，从而水泵的出水速度可调。不同控制方式下，面板下方的指示灯会进行指示动作。

(3) 1 个拨动开关：现场系统照明用电源开关。通过打开这个开关，可以打开现场装置的照明系统。

(4) 电压表：显示加在调压器上的电压值。

3. 现场系统工艺流程图

现场系统工艺流程图如图 3.34 所示。

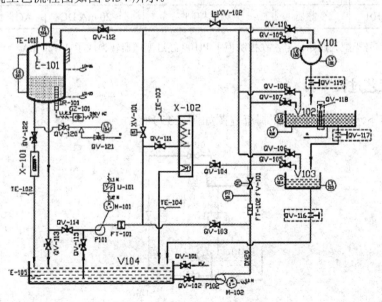

图 3.34 现场系统工艺流程图

整体流程检测点清单如表 3.20 所示。

表 3.20　整体流程检测点清单

序号	符号名称	设备名称	用途	原始信号类型		工程量
1	TE-101	热电阻	锅炉水温	Pt100	AI	0～100℃
2	TE-102	热电阻	锅炉回水温度	Pt100	AI	0～100℃
3	TE-103	热电阻	换热器热水出口水温	Pt100	AI	0～100℃
4	TE-104	热电阻	换热器冷水出口水温	Pt100	AI	0～100℃
5	TE-105	热电阻	储水箱水温	Pt100	AI	0～100℃
6	LSL-105	液位开关	锅炉液位极低联锁	干接点	DI	NC
7	LSH-106	液位开关	锅炉液位极高联锁	干接点	DI	NC
8	XV-101	电磁阀	一支路给水切断	光电隔离	DO	NC
9	XV-102	电磁阀	二支路给水切断	光电隔离	DO	NC
10	FT-101	涡轮流量计	一支路给水流量	4～20 mA DC	AI	0～3 m³/h
11	FT-102	电磁流量计	二支路给水流量	4～20 mA DC	AI	0～3 m³/h
12	PT-101	压力变送器	给水压力	4～20 mA DC	AI	150 kPa
13	LT-101	液位变送器	上水箱液位	4～20 mA DC	AI	2.5 kPa
14	LT-102	液位变送器	中水箱液位	4～20 mA DC	AI	2.5 kPa
15	LT-103	液位变送器	下水箱液位	4～20 mA DC	AI	2.5 kPa
16	LT-104	液位变送器	锅炉/中水箱右液位	4～20 mA DC	AI	0～52.5 kPa
17	FV-101	电动调节阀	阀位控制	4～20 mA DC	AO	0～100%
18	GZ-101	调压模块	锅炉水温控制	4～20 mA DC	AO	0～100%
19	U-101	变频器	频率控制	4～20 mA DC	AO	0～100%

注：所列信号类型为原始信号，在控制柜中 Pt100 经过变送器转换成了 4～20 mA。

四、实验工艺过程

(1) 单容下水箱液位 PID 控制流程图如图 3.35 所示。

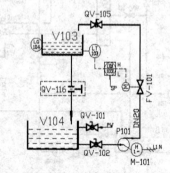

图 3.35　单容下冰箱液位 PID 控制流程图

水介质由泵 P102 从水箱 V104 中加压获得压头,经由调节阀 FV-101 进入水箱 V103,通过手阀 QV-116 回流至水箱 V104 而形成水循环。其中,水箱 V103 的液位由 LT-103 测得,用调节手阀 QV-116 的开启程度来模拟负载的大小。本例为定值自动调节系统,FV-101 为操纵变量,LT-103 为被控变量,采用 PID 调节来完成。

(2) 测试要求的组态流程图界面,如图 3.36 所示。

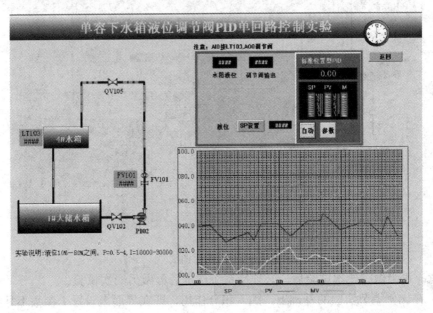

图 3.36 组态流程图界面

五、实验步骤

(1) 在现场系统中,打开手阀 QV102、QV105,调节下水箱闸板 QV116 开度(可以稍微大一些),其余阀门关闭。

(2) 在控制系统中,将 I/O 面板的下水箱液位输出连接到 AI0,I/O 面板的电动调节阀控制端连到 AO0。

(3) 打开设备电源。启动右边水泵 P102 和调节阀。

(4) 启动计算机组态软件,进入测试项目界面。启动调节器,设置各项参数,可将调节器的手动控制切换到自动控制。

(5) 设置比例参数。观察计算机显示屏上的曲线,待被调参数基本稳定于给定值后,可以开始加干扰测试。

(6) 系统稳定后,对系统加扰动信号(在纯比例的基础上加扰动,一般可通过改变设定值实现,也可以通过支路 1 增加干扰)。记录曲线在经过几次波动稳定下来后,系统有稳态误差,并记录余差大小。

(7) 减小 P 重复步骤(6),观察过渡过程曲线,并记录余差大小。

(8) 增大 P 重复步骤(6),观察过渡过程曲线,并记录余差大小。

(9) 选择合适的 P,可以得到较满意的过渡过程曲线。改变设定值(如设定值由 50%变为 60%)，同样可以得到一条过渡过程曲线，调节过程如图 3.37 所示。

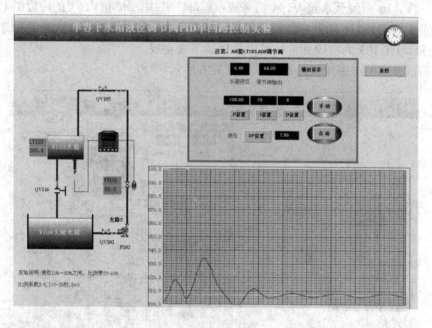

图 3.37　实时曲线

注意：每当做完一次试验后，必须待系统稳定后再做另一次试验。

(10) 在比例调节实验的基础上，加入积分作用，即在界面上设置 I 参数不是特别大的数。固定比例 P 值(中等大小)，改变 PI 调节器的积分时间常数值 T_i，然后观察加阶跃扰动后被调量的输出波形，并记录不同 T_i 值时的超调量 σ_p。

(11) 固定 I 于某一中间值，然后改变 P 的大小，观察加扰动后被调量输出的动态波形，据此列表记录不同值 T_i 下的超调量 σ_p。

(12) 选择合适的 P 和 T_i 值，使系统对阶跃输入扰动的输出响应为一条较满意的过渡过程曲线，调节过程曲线如图 3.37 所示。

(13) 在 PI 调节器控制实验的基础上，再引入适量的微分作用，即在软件界面中设置 D 参数，然后加上与前面调节时幅值完全相等的扰动，记录系统被控制量响应的动态曲线。

(14) 选择合适的 P、T_i 和 T_d，使系统的输出响应为一条较满意的过渡过程曲线，如图 3.37 所示(阶跃输入可由给定值从突变 10%左右来实现)。

3.13　单容下水箱液位变频器 PID 单回路控制实验

一、实验目的

(1) 熟悉控制系统的工艺过程。

(2) 掌握 PID 参数的设定与调节方法。

(3) 了解液位传感器的使用和调节原理。

(4) 掌握变频器的参数设置、驱动原理。

二、实验工艺过程

(1) 单溶液位变频器 PID 单回路控制工艺流程图如图 3.38 所示。

水介质由泵 P101(变频器驱动)从水箱 V104 中加压获得压头,经由管路进入水箱 V103,通过手阀 QV-116 回流至水箱 V104 而形成水循环。其中,水箱 V103 的液位由 LT-103 测得,通过调节手阀 QV-116 的开启程度来模拟负载的大小。本例为定值自动调节系统,变频器 U-101 转速为操纵变量,LT-103 为被控变量,采用 PID 调节来完成。

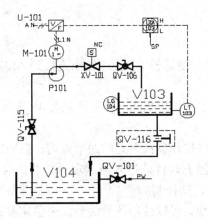

图 3.38　工艺流程图

(2) 测试要求的组态流程图界面(要求复显),如图 3.39 所示。

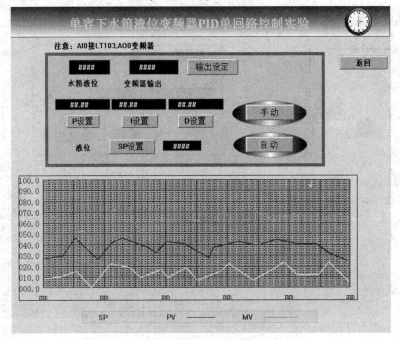

图 3.39　组态流程图界面

(3) 在现场系统中，打开手阀 QV-115、QV-106 及电磁阀 XV101(直接加 24V 到 DOCOM，GND 到 XV102 控制端)，调节 QV-116 闸板开度(可以稍微大一些)，其余阀门关闭。

三、实验内容

(1) 针对比例(P)控制，设定不同的参数并选择最佳的控制曲线，获取最佳参数。

(2) 针对比例积分(PI)控制，设定不同的参数并选择最佳的控制曲线，获取最佳参数。

(3) 针对比例积分微分(PID)控制，设定不同的参数并选择最佳的控制曲线，获取最佳参数。

四、实验步骤

(1) 在控制系统中，将液位变送器 LT-103 输出连接到 AI0，AO0 输出连到变频器 U-101 控制端上。

(2) 打开设备电源。包括变频器电源，设置变频器 4～20 mA 的工作模式，变频器直接驱动水泵 P101。

(3) 连接好控制系统和监控计算机之间的通信电缆，启动控制系统。

(4) 启动计算机，启动组态软件，进入测试项目界面。启动调节器，设置各项参数，将调节器的手动控制切换到自动控制。

(5) 设置 PID 控制器参数，可以使用各种经验法来整定参数。这里不限制使用的方法。下闸板顶到槽顶的距离(开度)为 5～6 mm。比例控制器控制曲线如图 3.40 所示。

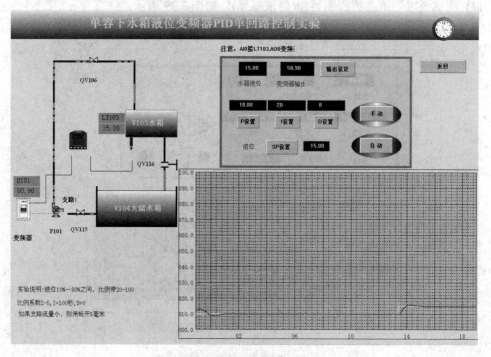

图 3.40　比例控制器控制曲线图

3.14 压力调节阀 PID 单回路控制实验

一、实验目的

(1) 熟悉控制系统的工艺过程。

(2) 掌握控制回路的控制原理、正负反馈的区别。

(3) 掌握 PID 参数的设定与调节方法。

二、实验工艺过程

(1) 压力调节阀控制流程图如图 3.41 所示。

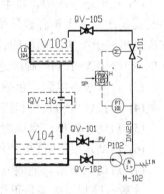

水介质由泵 P102 从水箱 V104 中加压获得压头，经由调节阀 FV-101 进入水箱 V103，通过手阀 QV-116 回流至水箱 V104 而形成水循环。其中，给水压力由 PT-101 测得。本例为定值自动调节系统，FV-101 为操纵变量，PT-101 为被控变量，采用 PID 调节来完成。

(2) 测试要求的组态流程图界面(要求复显)，如图 3.42 所示。

图 3.41 控制流程图

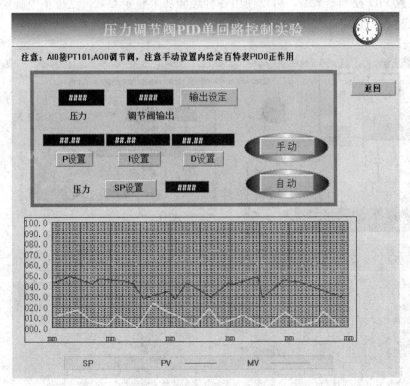

图 3.42 组态流程图界面

三、实验内容

针对压力调节阀控制曲线，设定不同的参数并选择最佳的控制曲线，获取最佳参数。

四、实验步骤

(1) 编写控制器算法程序，下载调试；编写测试组态工程，连接控制器，进行联合调试。这些步骤不详细介绍。

(2) 在现场系统中，将手阀 QV-102、QV-105 完全打开，闸板 QV-116 完全开启，其余阀门关闭。下水箱容器只是作为水介质流通回路的一个部分。调节阀打开一半，方法是在控制机柜上把 I/O 面板的管道压力(PT-101)信号端子通过实验连接线连到 AI0 端，面板上的调节阀(FV-101)控制端连接到控制器 AO0 端。

(3) 打开设备电源，包括调节阀电源。

(4) 连接好控制系统和监控计算机之间的通信电缆，启动控制系统。

(5) 启动计算机，启动组态软件，进入测试项目界面。

(6) 启动水泵 P102 电源。

(7) 启动调节器，把调节器切换到自动控制。

注意：控制器必须是正作用的，因为要想压力增加，必须减少调节阀开度，而不是增加调节阀开度。

(8) 设置 PID 控制器参数，可以使用各种经验法来整定参数，这里不限制使用的方法。

(9) 控制系统的实时曲线如图 3.43 所示。

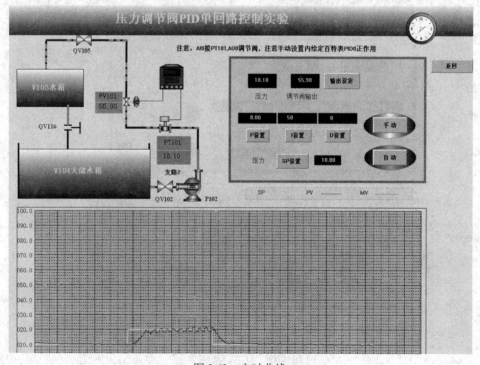

图 3.43　实时曲线

3.15 单容下水箱液位和进口流量串级控制实验

一、实验目的

(1) 熟悉控制系统的工艺过程。
(2) 熟悉液位和进口流量串级控制系统的控制原理。
(3) 掌握双回路 PID 控制器的参数设置和调节方法。

二、实验工艺过程

液位和进口流量串级控制流程图如图 3.44 所示。

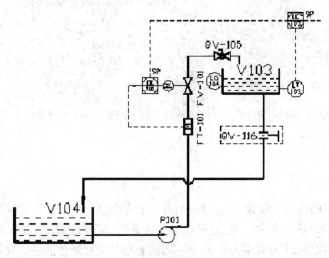

图 3.44　液位和进口流量串级控制流程图

水介质一路(I 路)由泵 P101(变频器)从水箱 V104 中加压获得压头，经流量计 FT-101、电动阀 FV-101、水箱 V-103、手阀 QV-116 回流至水箱 V104 而形成水循环，负荷的大小通过手阀 QV-116 来调节。其中，水箱 V103 的液位由液位变送器 LT-103 测得，给水流量由流量计 FT-101 测得。本例为串级调节系统，调节阀 FV-101 为操纵变量，以 FT-101 为被控变量的流量控制系统作为副调节回路，其设定值来自主调节回路——以 LT-103 为被控变量的液位控制系统。

以 FT-101 为被控变量的流量控制系统作为副调节回路——流量变动的时间常数小、时延小，控制通道短，从而可加快提高响应速度，缩短过渡过程时间，符合副回路选择的超前、快速、反应灵敏等要求。下水箱 V103 为主对象，流量 FT-101 的改变需要经过一定时间才能反映到液位，时间常数比较大，时延大。由上述分析可知：副调节器选纯比例控制，反作用，自动；主调节器选用比例控制或比例积分控制，反作用，自动。

测试要求的组态流程图界面，如图 3.45 所示。

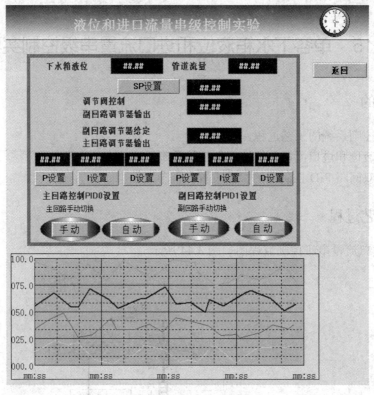

图 3.45　组态流程图界面

三、实验内容

(1) 针对比例(P)控制，设定不同的参数并选择最佳的控制曲线，获取最佳参数。

(2) 针对比例积分(PI)控制，设定不同的参数并选择最佳的控制曲线，获取最佳参数。

(3) 针对比例积分微分(PID)控制,设定不同的参数并选择最佳的控制曲线,获取最佳参数。

四、实验步骤

以串级控制系统来控制下水箱液位，以第一支路流量为副对象，右边水泵直接向下水箱注水，流量变动的时间常数小、时延小，控制通道短，从而可加快提高响应速度，缩短过渡过程时间，符合副回路选择的超前、快速、反应灵敏等要求。下水箱为主对象，流量的改变需要经过一定时间才能反映到液位，时间常数比较大，时延大。将主调节器的输出送到副调节器的给定，而副调节器的输出控制执行器。由上述分析可知：副调节器选纯比例控制，反作用(要想流量大，则调节阀开度加大)，自动；主调节器选用比例控制或比例积分控制，反作用(要想液位高，则调节阀开度加大)，自动。

(1) 在现场系统上，打开手动调节阀 QV-103、QV-105，关闭 QV-102。调节 QV-116 具有一定开度(闸板高度 6 mm 左右)，其余阀门关闭。

(2) 在控制系统上，将流量计(FT-101)连到控制器 AI0 输入端，下水箱液位(LT-103)连到控制器 AI1 输入端，电动调节阀 FV-101 连到控制器 AO0 端。

(3) 打开设备电源,包括调节阀电源。

(4) 连接好控制系统和监控计算机之间的通信电缆,启动控制系统。

(5) 启动计算机,启动组态软件,进入测试项目界面。启动调节器,设置各项参数,将调节器切换到自动控制。

(6) 启动变频器,工频运行水泵 P101,系统开始运行。

(7) 利用主回路做一个单回路液位实验。确定 P、I 值(D = 0),设定一个 SP 值 A1,并记录稳定时的流量计 FT101 的测量值 A2。

(8) 让变频器频率值从 40 Hz 上升到 50 Hz,并记录系统超调量。

(9) 将主调节器置手动状态,调整其输出为 A2,将 A2 作为副调节器的 SP 值。

(10) 在上述状态下,整定副调节器的 P 参数。调整整个系统至稳定(可有余差)。

(11) 将主调节器切换到自动状态,预置主调节器的 P、I 参数不变,系统应仍然稳定。

(12) 调节变频器从 40 Hz 至 50 Hz,并记录系统超调量。

由上述分析可知副调节器一般选纯比例(P)控制,反作用,自动,KC2(副回路的开环增益)较大;主调节器一般选比例积分(PI)控制,反作用,自动。

(13) 通过反复对副调节器和主调节器参数的调节,使系统具有较满意的动态响应和较高的静态精度,实时曲线如图 3.46 所示。

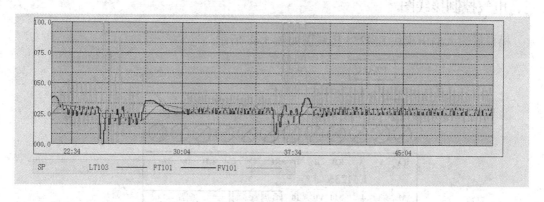

图 3.46 实时曲线

3.16 基于 PLC 的流量调节阀 PID 单回路控制实训

一、控制要求分析

在熟悉流量控制系统工艺过程的基础上,实现 PLC 对流量调节阀 PID 单回路控制。根据工艺过程要求,进行 I/O 分配和硬件接线,编写 PID 程序,同时设计上位机监控画面,并进行联机调试。

二、实验工艺过程

流量调节阀控制工艺流程图如图 3.47 所示。

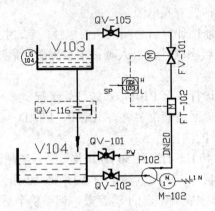

图 3.47 流量调节阀控制工艺流程图

水介质由泵 P102 从水箱 V104 中加压获得压头，经由流量计 FT-102、调节阀 FV-101 进入水箱 V103，通过手阀 QV-116 回流至水箱 V104 而形成水循环。其中，给水流量由 FT-102 测得。本例为定值自动调节系统，FV-101 为操纵变量，FT-102 为被控变量，采用 PID 调节来完成。

三、电气控制接线图

模拟量输入输出模块 EM235 接线图如图 3.48 所示。

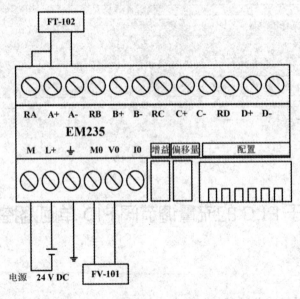

图 3.48 模拟量输入输出模块 EM235 接线图

四、梯形图程序编写

1. PID 算法介绍

PID 调节是闭环模拟量控制中的传统调节方式，其控制的原理基于下面的方程式：

$$M(t) = K_c e + K_c \int_0^t e\,\mathrm{d}t + K_c \frac{\mathrm{d}e}{\mathrm{d}t} + M_{\text{intial}}$$

式中：$M(t)$ 为 PID 回路的输出，是时间的函数；K_c 为 PID 回路的增益；e 为 PID 回路的偏差(给定值与过程变量之差)；M_{intial} 为 PID 回路的初始值。

数字计算机处理的公式如下：

$$M_n = K_c(SP_n - PV_n) + K_c \frac{T_s}{T_i}(SP_n - PV_n) + K_c \frac{T_d}{T_s}(PV_{n-1} - PV_n) + MX$$

公式中包含 9 个用来控制和监视 PID 运算的参数，在 PID 指令使用时构成回路表，回路表的格式如表 3.21 所示。

表 3.21 PID 回路表

参 数	地址偏移量	数据格式	I/O 类型	描 述
过程变量当前值 PV_n	0	双字，实数	I	过程变量，0.0～1.0
给定值 SP_n	4	双字，实数	I	给定值，0.0～1.0
输出值 M_n	8	双字，实数	I/O	输出值，0.0～1.0
增益 K_c	12	双字，实数	I	比例常数，正、负
采样时间 T_s	16	双字，实数	I	单位为 s，正数
积分时间 T_i	20	双字，实数	I	单位为 min，正数
微分时间 T_d	24	双字，实数	I	单位为 min，正数
积分项前值 MX	28	双字，实数	I/O	0.0～1.0
过程变量前值 PV_{n-1}	32	双字，实数	I/O	最近一次 PID 变量值

2. 参考程序

主程序包括 3 个网络，完成对各子程序的调用，如图 3.49 所示。

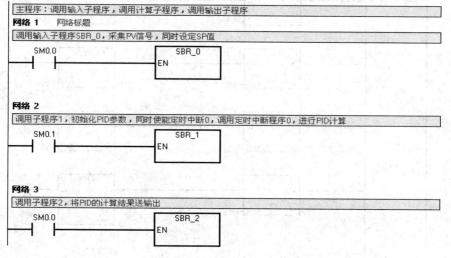

图 3.49 主程序

子程序 SBR_0 如图 3.50 所示。

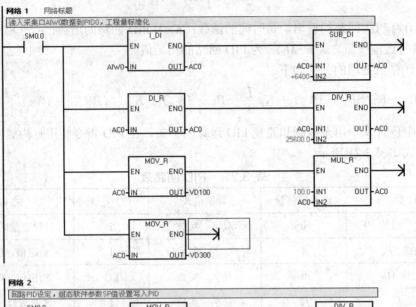

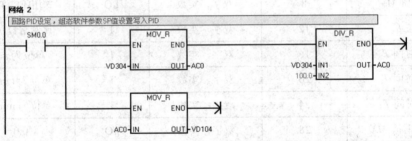

图 3.50　子程序 SBR_0

子程序 SBR_1 如图 3.51 所示。

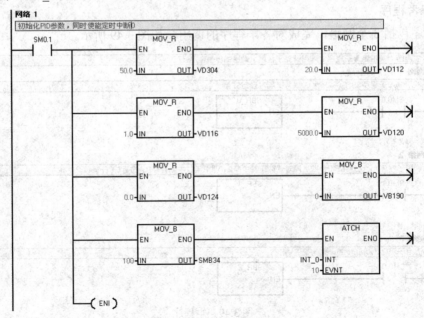

图 3.51　子程序 SBR_1

子程序 SBR_2 如图 3.52 所示。

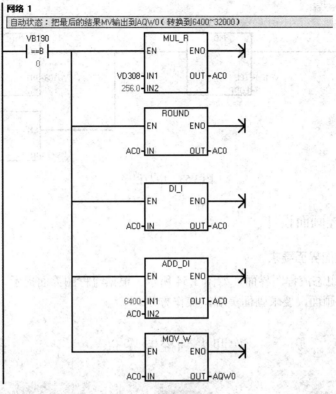

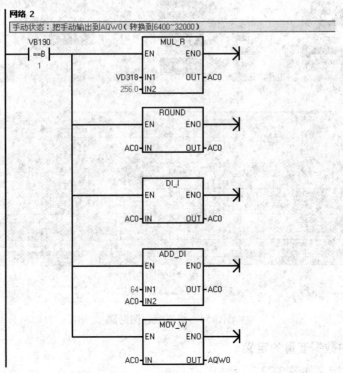

图 3.52　子程序 SBR_2

中断程序如图 3.53 所示。

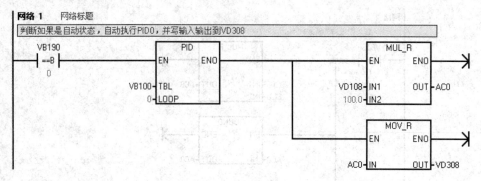

图 3.53　中断程序

五、上位机监控画面设计

1. 控制流程图界面要求

测试要求的组态流程图界面，如图 3.54 所示。根据流程图界面提示，使用组态王设计如图 3.54 所示的画面，要求画面美观，操作方便。

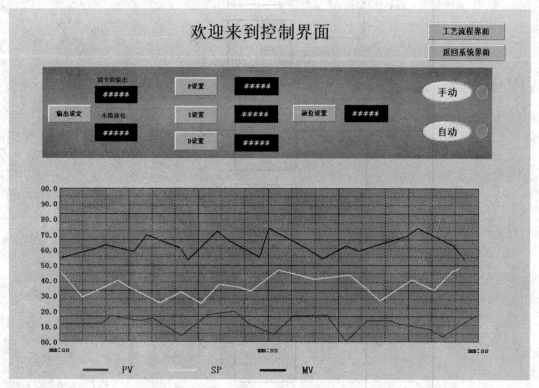

图 3.54　组态流程图画面

2. 组态王中数据变量的定义

数据变量的定义如表 3.22 所示。

表 3.22 变量设置表

变量名	变量 类型	描述	初始值	最大值	连接 设备	寄存器	数据 类型	读写 属性
PID_PV	I/O 实数	实际值	0	100	S7200	V300	FLOAT	读写
PID_SP	I/O 实数	给定值	0	100	S7200	V304	LONG	读写
PID_MV	I/O 实数	PID 输出值	0	100	S7200	V308	LONG	读写
PID_P	I/O 实数	比例系数	0	99999	S7200	V112	FLOAT	读写
PID_I	I/O 实数	积分时间	0	99999	S7200	V120	FLOAT	读写
PID_D	I/O 实数	微分时间	0	99999	S7200	V124	FLOAT	读写
PID_AM	I/O 离散	自动/手动切换	0	1	S7200	V190	BYTE	读写
手动输入	I/O 实数	执行器开度	0	100	S7200	V318	LONG	读写

3. 建立动画连接

输出设定按钮的动画链接设置如图 3.55 所示。根据图 3.55 所示建立其他对象的动画链接。

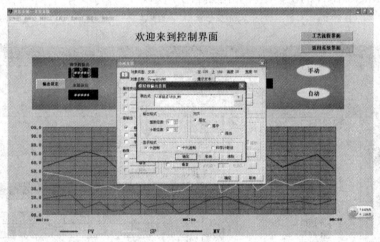

图 3.55 调节阀的输出设置

六、联机调试

(1) 编写 PID 程序，编译并下载。

(2) 设计组态王上位机监控画面。

(3) 手动输入调节阀开度值，测试组态王和 PLC 是否通信。如通信不成功，则检查通信电缆或组态王变量的设置情况。

(4) 通过上位机监控画面曲线，进行 PID 参数整定。

附　　录

附录 A　　STEP 7-Micro/WIN 简介

STEP 7-Micro/WIN V4.0 编程软件是专为西门子公司 S7-200 系列小型机而设计的编程工具软件，使用该软件可根据控制系统的要求编制控制程序并完成与 PLC 的实时通信，进行程序的下载与上传及在线监控。

一、STEP 7-Micro/WIN 的窗口组件

STEP 7-Micro/WIN 的窗口组件如附图 A-1 所示。

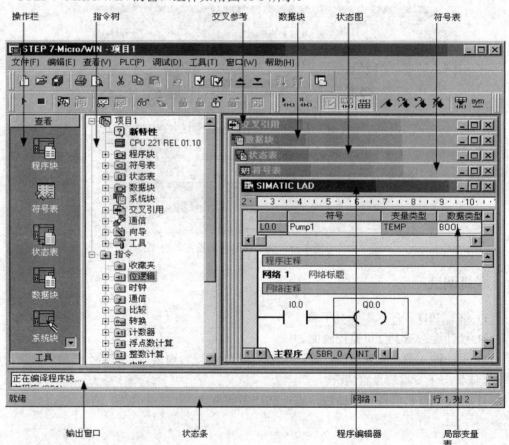

附图 A-1　STEP 7-Micro/WIN 的窗口组件图

1. 操作栏

操作栏可显示编程特性的按钮控制群组。

视图：选择该类别，主要为程序块、符号表、状态表，数据块、系统块、交叉引用及通信显示按钮控制。

工具：选择该类别，显示指令向导、文本显示向导、位置控制向导、EM253 控制面板和调制解调器扩展向导的按钮控制。

注释：当操作栏包含的对象因为当前窗口大小无法显示时，操作栏显示滚动按钮，可以向上或向下移动至其他对象。

2. 指令树

指令树，提供所有项目对象和为当前程序编辑器(LAD、FBD 或 STL)提供的所有指令的树型视图。用户可以用鼠标右键单击树中"项目"部分的文件夹，插入附加程序组织单元(POU)；也可以用鼠标右键单击单个 POU，打开、删除、编辑其属性表，用密码保护或重命名子程序及中断例行程序。可以用鼠标右键单击树中"指令"部分的一个文件夹或单个指令，以便隐藏整个树。一旦打开指令文件夹，就可以拖放单个指令或双击，按照需要自动将所选指令插入程序编辑器窗口中的光标位置。可以将指令拖放在自己"偏好"的文件夹中，排列经常使用的指令。

3. 交叉参考

交叉参考允许用户检视程序的交叉参考和组件使用信息。

4. 数据块

数据模块允许用户显示和编辑数据块内容。

5. 状态图

状态图允许用户将程序输入、输出或变量置入图表中，以便追踪其状态。您可以建立多个状态图，以便从程序的不同部分检视组件。每个状态图在状态图窗口中有自己的标签。

6. 符号表/全局变量表

符号表/全局变量表允许用户分配和编辑全局符号(即可在任何 POU 中使用的符号值，不只是建立符号的 POU)。可以建立多个符号表，可在项目中增加一个 S7-200 系统符号预定义表。

7. 输出窗口

输出窗口在用户编译程序时提供信息。当输出窗口列出程序错误时，可双击错误信息，会在程序编辑器窗口中显示适当的网络。当您编译程序或指令库时，会提供信息。当输出窗口列出程序错误时，您可以双击错误信息，会在程序编辑器窗口中显示适当的网络。

8. 状态条

状态条提供用户在 STEP 7-Micro/WIN 中操作时的操作状态信息。

9. 程序编辑器

程序编辑器包含用于该项目的编辑器(LAD、FBD 或 STL)的局部变量表和程序视图。如果需要，用户可以拖动分割条，扩展程序视图，并覆盖局部变量表。当您在主程序一节

(MAIN)之外，建立子程序或中断例行程序时，标记出现在程序编辑器窗口的底部。可单击该标记，在子程序、中断和 OB1 之间移动。

10. 局部变量表

局部变量表包含用户对局部变量所做的赋值(即子程序和中断例行程序使用的变量)。在局部变量表中建立的变量使用暂时内存；地址赋值由系统处理；变量的使用仅限于建立此变量的 POU。

二、如何输入 PLC 控制程序

以三相异步电动机启停程序为例，熟悉 STEP 7-Micro/WIN V4.0 编程软件的使用方法。三相异步电动机启停梯形图如附图 A-2 所示。

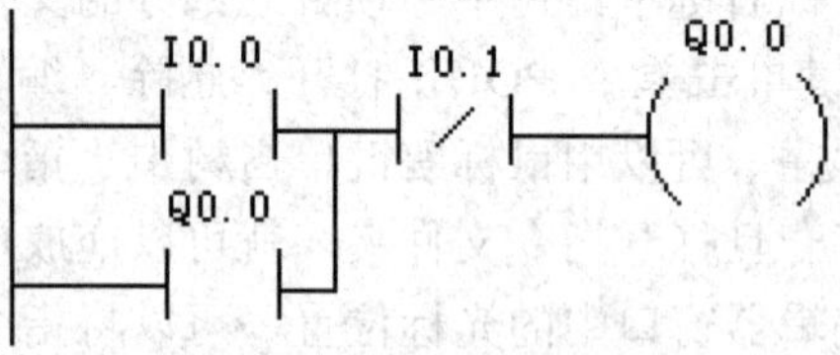

附图 A-2　三相异步电动机启停梯形图

1. 打开新项目

双击 STEP 7-Micro/WIN 图标，或从"开始"菜单选择 SIMATIC→STEP 7-Micro/WIN，启动应用程序，会打开一个新 STEP 7-Micro/WIN 项目，如附图 A-3 所示。

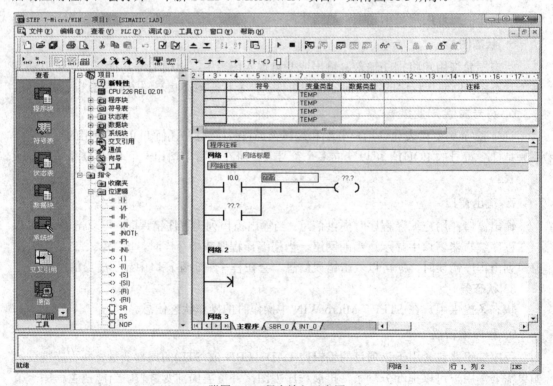

附图 A-3　程序输入示意图

2. 打开现有项目

从 STEP 7-Micro/WIN 中，使用文件菜单，选择下列选项之一：

(1) 打开：允许浏览至一个现有项目，并且打开该项目。

(2) 文件名称：如果用户最近在一个项目中工作过，该项目会在"文件"菜单下列出，可直接选择，不必使用"打开"对话框。

3. 进入编程状态

单击左侧查看中的程序块，进入编程状态。

4. 选择编程语言

打开菜单栏中的"查看"，选择"梯形图"语言(也可选 STL(语句表)、FBD(功能块))。

(1) 选择 MAIN 主程序，在网络 1 中输入程序。

(2) 单击网络 1├──→ 从菜单栏或指令树中选择相关符号。如在指令树中选择，可在指令中双击位逻辑，从中选择常开触点符号，双击；然后选择常闭触点符号，双击；再选择输出线圈符号，双击；将光标移到常开触点下面，单击菜单栏中的"←"，再选择常开触点，左移光标，单击"↑"，完成梯形图。

(3) 给各符号加器件号：逐个选择？？？，输入相应的器件号。

(4) 保存程序：在菜单栏中单击"File"(文件)→"Save"(保存)，输入文件名，然后保存。

(5) 编译：使用菜单"PLC"→"编译"或"PLC"→"全部编译"命令，或者用工具栏按钮 ☑ 或 ☑ 执行编译功能。编译完成后在信息窗口会显示相关的结果，以便于修改。

5. 建立 PC 及 PLC 的通信连接线路并完成参数设置

(1) 连接 PC：连接时应将 PC/PPI 电缆的一端与计算机的 COM 端相接，另一端与 S7-200 PLC 的 PORT0 或 PORT1 端口相连。

(2) 参数设置：设置 PC/PPI 电缆小盒中的 DIP 开关将通讯的波特率设置为 9.6 K；将 PLC 的方式开关设置在 STOP 位置，给 PLC 上电；打开 STEP 7-Micro/WIN 32 软件并单击菜单栏中的"PLC"→"类型"弹出"PLC 类型"窗口，单击"读取 PLC"检测是否成功，或者从下拉菜单中选择 CPU 226，单击"通信"按钮，系统弹出"通信"窗口，双击 PC/PPI 电缆的图标，检测通信成功与否。

6. 下载程序

如果已经成功在运行 STEP 7-Micro/WIN 的个人计算机和 PLC 之间建立通讯，可将程序下载至该 PLC。遵循下列步骤：

(1) 下载至 PLC 之前，您必须核实 PLC 位于"停止"模式。检查 PLC 上的模式指示灯。如果 PLC 未设为"停止"模式，单击工具条中的"停止"按钮。

(2) 单击工具条中的 ☲ (下载)按钮，或选择"文件"→"下载"，出现"下载"对话框。

(3) 根据默认值，在您初次发出下载命令时，"程序代码块""数据块"和"CPU 配置"(系统块)复选框被选择。如果您不需要下载某一特定的块，清除该复选框。

(4) 单击"确定"，开始下载程序。

(5) 如果下载成功，一个确认框会显示以下信息：下载成功。继续执行步骤 12。

(6) 如果 STEP 7-Micro/WIN 中用于您的 PLC 类型的数值与您实际使用的 PLC 不匹配，会显示以下警告信息："为项目所选的 PLC 类型与远程 PLC 类型不匹配。继续下载吗？"

(7) 欲纠正 PLC 类型选项，选择"否"，终止下载程序。

(8) 从菜单条选择"PLC"→"类型"，调出"PLC 类型"对话框。

(9) 从下拉列表方框选择纠正类型，或单击"读取 PLC"按钮，由 STEP 7-Micro/WIN 自动读取正确的数值。

(10) 单击"确定"，确认 PLC 类型，并清除对话框。

(11) 单击工具条中的"下载"按钮，重新开始下载程序，或从菜单条选择"文件"→"下载"。

(12) 一旦下载成功，在 PLC 中运行程序之前，您必须将 PLC 从 STOP(停止)模式转换回 RUN(运行)模式。单击工具条中的 ▶(运行)按钮，或选择"PLC"→"运行"，转换回 RUN(运行)模式。

7. 运行和调试程序

(1) 将 CPU 上的 RUN/STOP 开关拨到 RUN 位置；CPU 上的黄色 STOP 状态指示灯灭，绿色指示灯亮；

(2) 在"STEP"→"Micro/WIN"软件中使用菜单命令"PLC"→"RUN(运行)"和"PLC"—"STOP(停止)"，或者单击工具栏中的按钮 ▶ 和 ■ 改变 CPU 的运行状态；

(3) 接通 I0.0 对应的按钮，观察运行结果。

8. 监控程序状态

(1) 程序在运行时可以用菜单命令中"调试"→"开始程序状态监控"或者单击工具栏中的按钮 对程序状态监控进行监控。

强制输入 I0.0 置位，再观察运行结果并监控程序；强制 I0.1 置位，再观察运行结果并监控程序。最后取消强制。

(2) 也可使用菜单命令中"查看"→"组件"→"状态表"或单击浏览条"查看"中"状态表"图标，打开状态图表(如附图 A-4 所示)，输入需监控的元件进行监控。使用菜单命令中"调试"→"状态表"或单击工具栏 按钮打开状态图表，输入需监控的元件进行监控。

	地址	格式	当前数值	新数值
1		带符号		
2		带符号		
3		带符号		
4		带符号		
5		带符号		

附图 A-4　状态图

9. 建立符号表

在"引导条"单击"符号表"图标，或"查看"菜单→"组件"→"符号表"项，打开符号表，将直接地址编号(如 I0.0)用具有实际含义的符号(如正向启动按钮)代替。

10. 符号寻址

在菜单中"查看"→"符号寻址"，编写程序时可以输入符号地址或绝对地址，使用绝对地址时它们将被自动转换为符号地址，在程序中将显示符号地址。观察程序变化。

11. 观察运行结果改变信号状态，再观察运行结果并监控程序。

三、PLC 控制程序的上传

可选用以下 3 种方式进行程序上传：

(1) 单击"上载"按钮；

(2) 选择菜单命令文件上载；

(3) 按快捷键组合 Ctrl + U。

要上载(PLC 至编辑器)，PLC 通信必须正常运行。确保网络硬件和 PLC 连接电缆正常操作。选择想要的块(程序块、数据块或系统块)，选定要上载的程序组件就会从 PLC 复制到当前打开的项目，用户就可保存已上载的程序。

附录 B　　STEP 7 简介

一、什么是 STEP 7

STEP 7 是一种用于对 SIMATIC 可编程逻辑控制器进行组态和编程的标准软件包。它是 SIMATIC 工业软件的一部分。STEP 7，应用在 SIMATIC S7-300/S7-400、SIMATIC M7-300/M7-400 以及 SIMATIC C7 上，它具有广泛的功能，具体如下：

(1) 可作为 SIMATIC 工业软件的软件产品中的一个扩展选项包；

(2) 为功能模块和通信处理器分配参数的时机；

(3) 强制模式与多值计算模式；

(4) 全局数据通信；

(5) 使用通信功能块进行的事件驱动数据传送；

(6) 组态连接。

二、基本任务

当使用 STEP 7 创建一个自动化解决方案时，将会面对一系列的基本任务，以下是对单个步骤的简短描述。

(1) 安装 STEP 7 和许可证密钥。在第一次使用 STEP 7 时，对其进行安装，并将许可证密钥从软盘传送到硬盘。

(2) 规划控制器。在使用 STEP 7 进行工作之前，对自动化解决方案进行规划，将过程分解为单个的任务，并为其创建一个组态图。

(3) 设计程序结构。使用 STEP 7 中可使用的块，将控制器设计草图中所描述的任务转化为一个程序结构。

(4) 启动 STEP 7。通过 Windows 用户接口启动 STEP 7。

(5) 创建项目结构。项目类似一个文件夹，所有的数据均可按照一种体系化的结构存储在其中，并可供随时使用。在项目创建完毕之后，所有其他的任务均将在该项目中执行。

(6) 组态站。当组态站时，指定希望使用的可编程控制器，例如 SIMATIC 300、SIMATIC 400、SIMATIC S5。

(7) 组态硬件。在对硬件进行配置时，可在组态表中指定自动化解决方案要使用的模块以及用户程序中对模块进行访问的地址，也可使用参数对模块的属性进行设置。

(8) 组态网络和通信连接。通信的基础是预先组态的网络。为此，需要创建自动化网络所需要的子网，设置子网属性以及设置已联网工作站的网络连接属性和某些通信连接。

(9) 定义符号。可在符号表中定义局部符号或具有更多描述性名称的共享符号，以便代替用户程序中的绝对地址进行使用。

(10) 创建程序。使用一种可选编程语言创建一个与模块相链接或与模块无关的程序，并将其存储为块、源文件或图表。

(11) 仅适用于 S7：生成并赋值参考数据。可充分利用这些参考数据，使得用户程序的调试和修改更容易。

(12) 组态消息。例如通过其文本和属性，创建相关块的消息。使用传送程序，将所创建的消息组态数据传送给操作员接口系统数据库(例如 SIMATIC WinCC、SIMATIC ProTool)。

(13) 组态操作员监控变量。一旦在 STEP 7 中创建了操作员监控变量，就要为其分配所需要的属性。使用传送程序，将所创建的操作员监控变量传送到操作员接口系统 WinCC 的数据库。

(14) 将程序下载给可编程控制器。

仅适用于 S7：在完成所有的组态、参数分配以及编程任务之后，可将整个用户程序或其中的单个块下载给可编程控制器(硬件解决方案的可编程模块)。CPU 已经包含有操作系统。

仅适用于 M7：从众多不同的操作系统中为自动化解决方案选择一个适合的操作系统，并将它独自或随用户程序一起传送给所需要的 M7 可编程控制系统的数据介质。

(15) 测试程序。

仅适用于 S7：为了进行测试，可显示用户程序或 CPU 中的变量值，为变量分配数值，或为想要显示或修改的变量创建一个变量表。

仅适用于 M7：使用高级语言调试工具对用户程序进行测试。

(16) 监视操作、诊断硬件。通过显示关于模块的在线信息，确定模块故障的原因。借助于诊断缓冲区和堆栈内容，确定用户程序处理中的错误原因。也可检查是否可在特定的 CPU 上运行用户程序。

(17) 归档设备。在创建项目/设备之后，一件很有意义的事，就是为项目数据制作清楚的文档，从而使项目的编辑以及维护更容易。DOCPRO，用于创建和管理设备文档的一种可选工具，允许对项目数据进行结构化，将其转化为接线手册的形式，以及使用常见的格式进行打印。

附录 C　　S7-200 PLC 的 CPU 规范与接线图

表 C-1　　CPU 226 CN DC/DC/DC 规范

描述	CPU 226 CN DC/DC/DC
订货号	6ES7 216-2AD23-0XB8
I/O 特性	
本机数字量输入	24 输入
本机数字量输出	16 输出
本机模拟量输入	无
本机模拟量输出	无
数字 I/O 映象区	256(128 输入/128 输出)
模拟 I/O 映象区	64(32 输入/32 输出)
允许最大的扩展 I/O 模块	7 个模块
允许最大的智能模块	7 个模块
脉冲捕捉输入	24
高速计数器总数	6 个
单相计数器	6，每个 30 kHz
两相计数器	4，每个 20 kHz
脉冲输出	2 个 20 kHz(仅限于 DC 输出)
常规特性	
定时器总数 1 ms 10 ms 100 ms	256 个 4 个 16 个 236 个
计数器总数	256(由超级电容或电池备份)
内部存储器位掉电保持	256(由超级电容或电池备份) 112(存储在 EEPROM)
时间中断	2 个 1 ms 分辨率
边沿中断	4 个上升沿和/或 4 个下降沿
模拟电位器	2 个 8 位分辨率
布尔量运算执行时间	0.22 μs
时钟	内置
卡件选项	存储卡和电池卡

集成的通信功能	
接口	2 个 RS-485 接口
PPI，DP/T 波特率	9.6，19.2 和 187.5 kbaud
自由口波特率	1.2 kbaud 至 115.2 kbaud
每段最大电缆长度	使用隔离的中继器：187.5 kbaud 可达 1000 m，38.4 kbaud 可达 1200 m 未使用隔离中继器：50 m
最大站点数	每段 32 个站，每个网络 126 个站
最大主站数	32
点到点(PPI 主站模式)	是(NETR/NETW)
MPI 连接	共 4 个，2 个保留(1 个给 PG，1 个给 OP)
电源特性	
输入电源	
输入电压	20.4 至 28.8 V DC
输入电流	150 mA(仅 CPU，24 V DC) 1050 mA(最大负载，24 V DC)
冲击电流	12 A，28.8 V DC 时
隔离(现场与逻辑)	不隔离
保持时间(掉电)	10 ms，24 V DC 时
保险(不可替换)	3 A，250 V 时慢速熔断
数字量输入特性	
本机集成数字量输入点数	24 输入
输入类型	漏型/源型(IEC 类型 1/漏型)
额定电压	24 V DC，4 mA 典型值时
最大持续允许电压	30 V DC
浪涌电压	35 V DC，0.5 s
逻辑 1 信号(最小)	15 V DC，2.5 mA
逻辑 0 信号(最大)	5 V DC，1 mA
数字量输出特性	
本机集成数字量输出点数	16 输出
输出类型	固态—MOSFET(源型)
额定电压	24 V DC
电压范围	20.4 至 28.8 V DC
浪涌电流(最大)	8 A，100 ms

逻辑 1(最小)	20 V DC，最大电流
逻辑 0(最大)	0.1 V DC，10 KΩ 负载
每点额定电流(最大)	0.75 A
每个公共端的额定电流(最大)	6 A
漏电流(最大)	10 μA
灯负载(最大)	5 W

表 C-2　CPU 226 CN AC/DC/继电器规范

描述	CPU 226 CN AC/DC/继电器
订货号	6ES7 216-2BD23-0XB8
I/O 特性	
本机数字量输入	24 输入
本机数字量输出	16 输出
本机模拟量输入	无
本机模拟量输出	无
数字 I/O 映象区	256(128 输入/128 输出)
模拟 I/O 映象区	64(32 输入/32 输出)
允许最大的扩展 I/O 模块	7 个模块
允许最大的智能模块	7 个模块
脉冲捕捉输入	24
高速计数器总数	6 个
单相计数器	6，每个 30 kHz
两相计数器	4，每个 20 kHz
脉冲输出	2 个 20 kHz(仅限于 DC 输出)
常规特性	
定时器总数	256 个
1 ms	4 个
10 ms	16 个
100 ms	236 个
计数器总数	256(由超级电容或电池备份)
内部存储器位掉电保持	256(由超级电容或电池备份) 112(存储在 EEPROM)
时间中断	2 个 1 ms 分辨率
边沿中断	4 个上升沿和/或 4 个下降沿
模拟电位器	2 个 8 位分辨率
布尔量运算执行时间	0.22 μs

时钟	内置
卡件选项	存储卡和电池卡
集成的通信功能	
接口	2 个 RS-485 接口
PPI，DP/T 波特率	9.6，19.2 和 187.5 kbaud
自由口波特率	1.2 kbaud 至 115.2 kbaud
每段最大电缆长度	使用隔离的中继器：187.5 kbaud 可达 1000 m，38.4 kbaud 可达 1200 m 未使用隔离中继器：50 m
最大站点数	每段 32 个站，每个网络 126 个站
最大主站数	32
点到点(PPI 主站模式)	是(NETR/NETW)
MPI 连接	共 4 个，2 个保留(1 个给 PG，1 个给 OP)
电源特性	
输入电源	
输入电压	85 至 264 V AC(47 至 63 Hz)
输入电流	80/40 mA(仅 CPU，120/240 V AC) 320/160 mA(最大负载，120/240 V AC)
冲击电流	20 A，264 V AC 时
隔离(现场与逻辑)	1500 V AC
保持时间(掉电)	20/80 ms，120/240 V AC 时
保险(不可替换)	2A，250 V 时慢速熔断
数字量输入特性	
本机集成数字量输入点数	24 输入
输入类型	漏型/源型(IEC 类型 1/漏型)
额定电压	24 V DC，4 mA 典型值时
最大持续允许电压	30 V DC
浪涌电压	35 V DC，0.5 s
逻辑 1 信号(最小)	15 V DC，2.5 mA
逻辑 0 信号(最大)	5 V DC，1 mA
数字量输出特性	
本机集成数字量输出点数	16 输出
输出类型	干触点
额定电压	24 V DC 或 250 V AC
电压范围	5 至 30 V DC 或 5 至 250 V AC
浪涌电流(最大)	5 A，4 s(10%工作率时)

续表二

逻辑 1(最小)	—
逻辑 0(最大)	—
每点额定电流(最大)	2.0 A
每个公共端的额定电流(最大)	10 A
漏电流(最大)—	—
灯负载(最大)	30 W DC；200 W AC

表 C-3　　CPU 226 CN DC/DC/DC 典型接线图

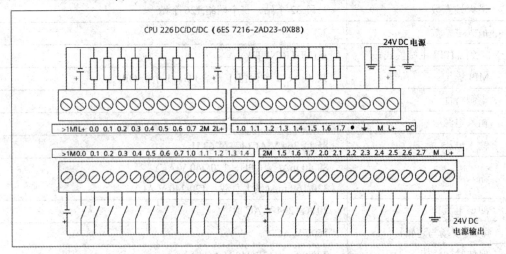

表 C-4　　CPU 226 CN AC/DC/继电器典型接线图

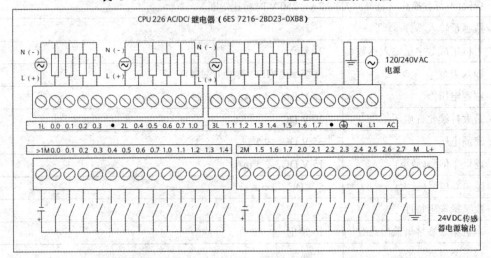

附录 D　机电一体化柔性装配系统图库

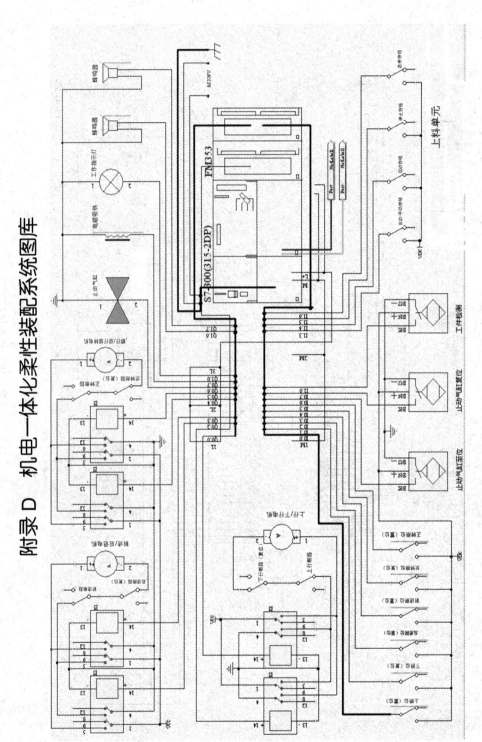

附录 D-1　上料单元 PLC 控制接线图

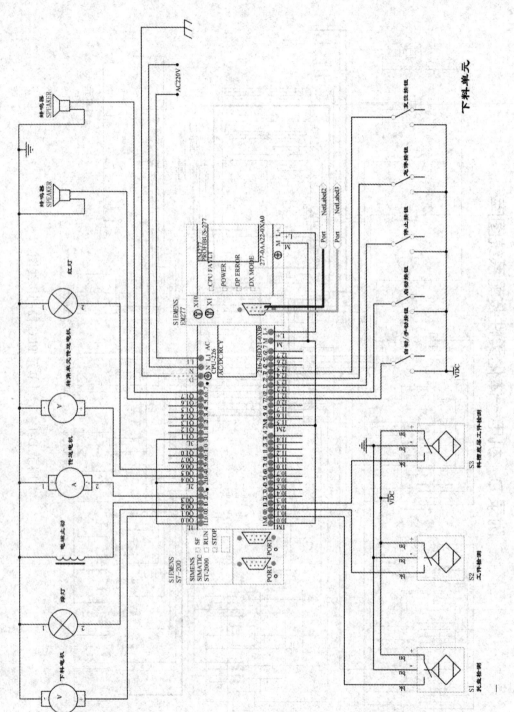

附录 D-2　下料单元 PLC 控制接线图

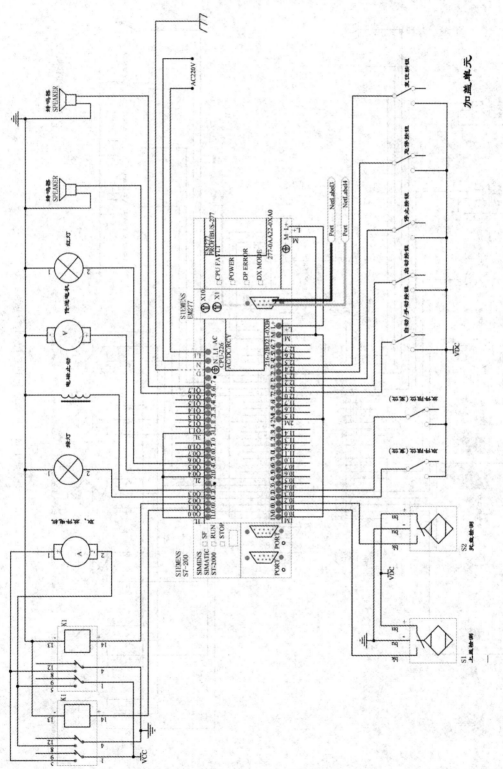

附录 **D-3**　加盖单元 PLC 控制接线图

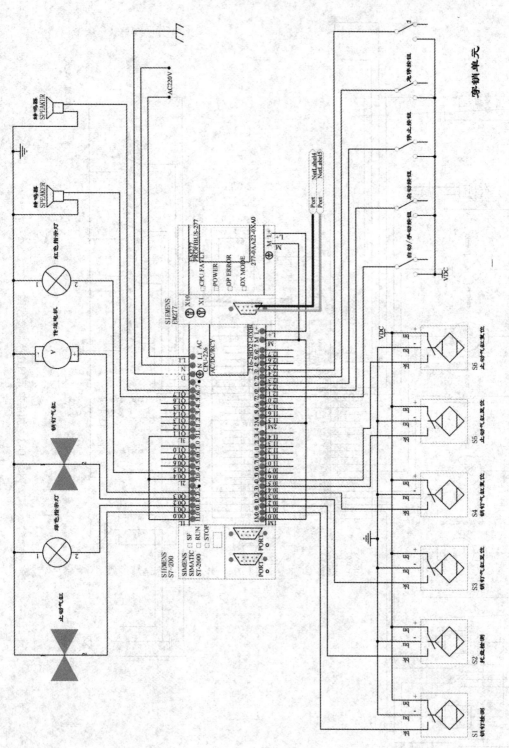

附录 D-4　穿销单元 PLC 控制接线图

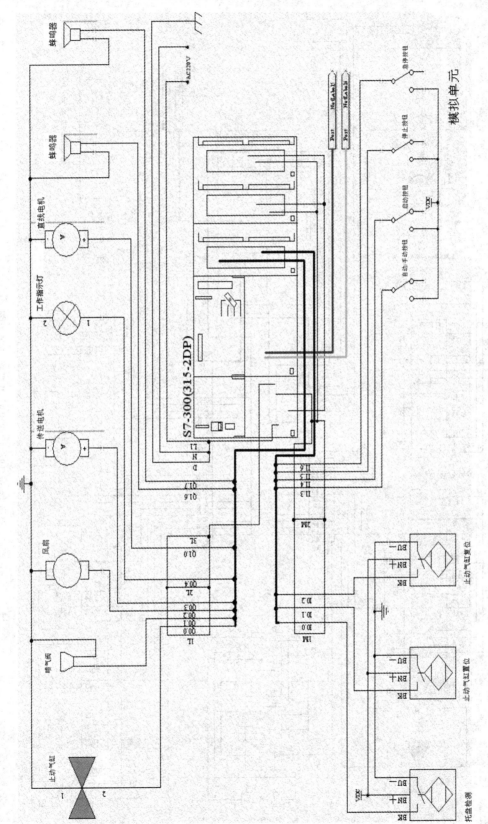

附录 D-5　模拟单元 PLC 控制接线图

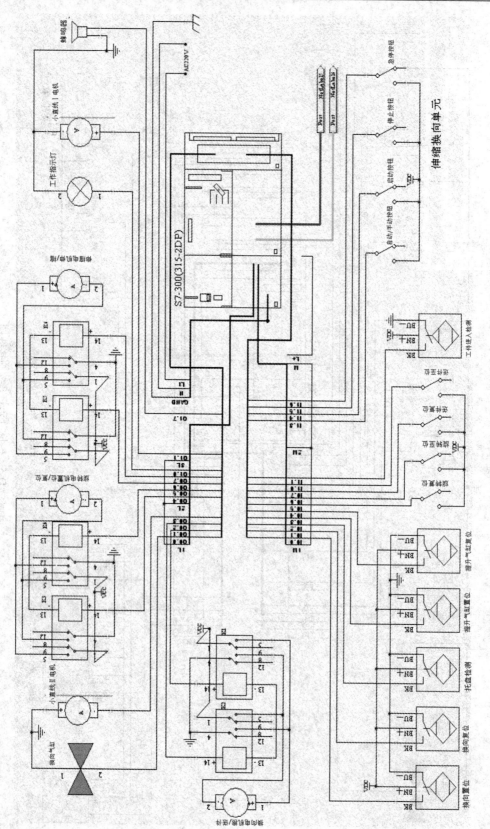

附录 D-6 伸缩换向单元 PLC 控制接线图

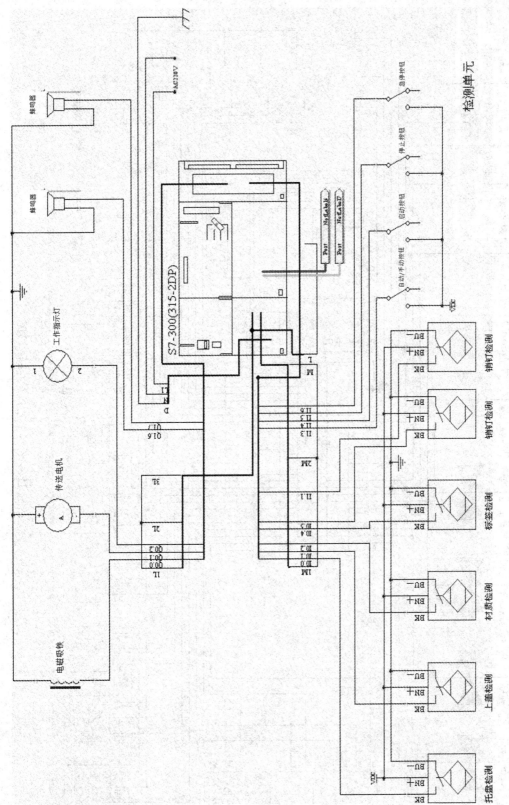

附录 D-7　检测单元 PLC 控制接线图

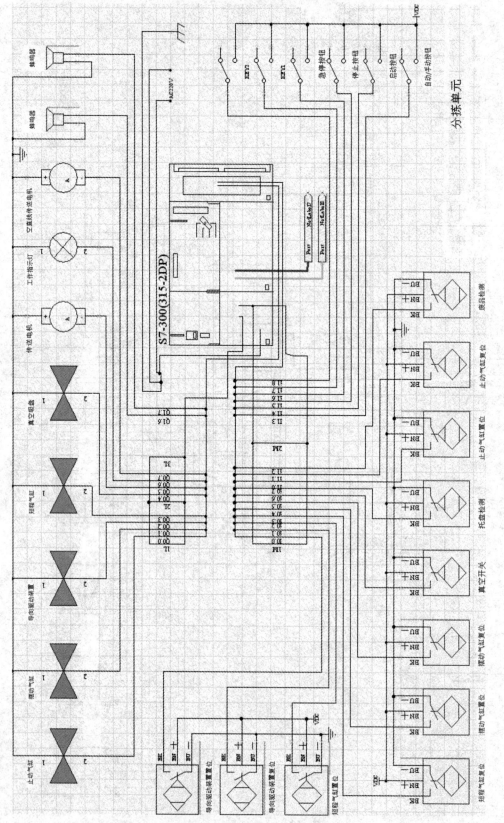

附录 D-8　分拣单元 PLC 控制接线图

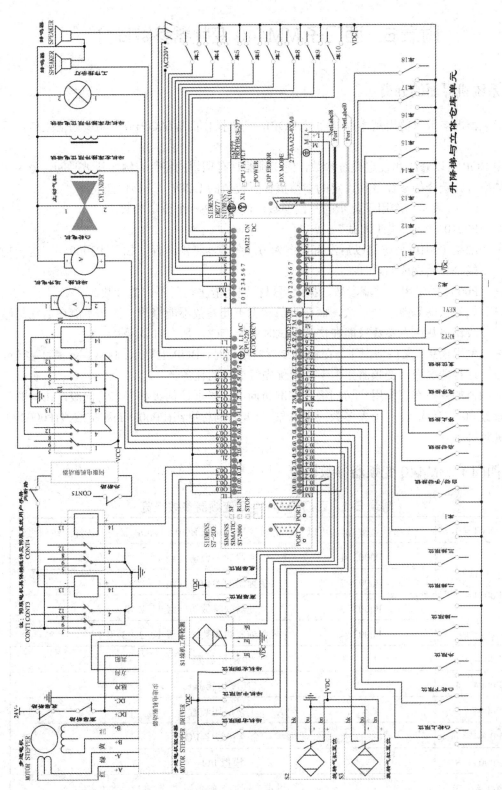

附录 D-9　升降梯与立体仓库单元 PLC 控制接

附录 E　西门子 MM440 变频器参数简介

一、系统机界面的分类

变频器的参数只能用基本操作面板(BOP)，高级操作面板(AOP)或者船型通信接口进行修改。

用 BOP 可以修改和设定系统参数，使变频器具有期望的特性，例如斜坡时间，最大和最小频率等。选择的参数号和设定的参数值在五位数的 LCD(可选择)上显示。

➢　rxxxx 表示一个用于显示的只读参数，Pxxxx 是一个设定参数。

➢　P0010 启动"快速调试"。

➢　如果 P0010 被访问以后没有设定为 0，变频器将不运行。如果 P3900>0，这一功能是自动完成的。

➢　P0004 的作用是过滤参数，据此可以按照功能去访问不同的参数。

➢　如果试图修改一个参数，而在当前状态下此参数不能修改，例如不能在运行是修改该参数或者参数只能在快速调试时才能修改，那么将显示"_____"。

➢　忙碌信息：某些情况下，在修改参数的数值时，BOP 上显示：busy，最多可达 5 s，这种情况表示变频器正忙于处理优先级更高的任务。

变频器的参数有三个用户访问级：标准访问级、扩展访问级和专家访问级。访问的等级由参数 0003 来选择，对于大多数应用对象，只要访问标准级(P0003=1)和扩展级(P0003=2)参数就足够了。

二、西门子 MM440 变频器参数概览

附录 E-1　西门子 MM440 变频器参数概览

P0004 = 0	(无参数过滤功能)可以直接访问参数，对于 BOP 和 AOP 取决于选择的访问级	
P0004 = 2	P0003=1	变频器的参数访问级 1
	P0003=2	变频器的参数访问级 1 和 2
	P0003=3	变频器的参数访问级 1、2 和 3
	P0003=4	变频器的参数访问级 1、2、3 和 4
P0004 = 3	电动机数据	
P0004 = 4	速度传感器	
P0004 = 5	工艺应用装置	
P0004 = 7	命令和数字 I/O	
P0004 = 8	模拟 I/O	
P0004 = 10	设定志同道合斜坡发生器	

续表

P0004 = 12	驱动装置的特点
P0004 = 13	电动机的控制
P0004 = 20	通讯
P0004 = 21	报警、警告和监控
P0004 = 22	PI 控制器

三、参数表(简略形式)

下面表格中的信息说明:

➢ 缺省值: 工厂设置值

➢ Level: 用户访问级

➢ DS: 变频器的状态(传动装置的状态),表示参数的数值可以在变频器的这种状态下进行修改(参看 P0010)

　◆ C　　调试

　◆ U　　准备运行

　◆ T　　运行

➢ QC 快速调试

　◆ Q　　可以在快速调试状态下修改参数

　◆ N　　快速调试状态下不能修改参数

附录 E-2　常用的参数

参数号	参 数 名 称	缺省值	Level	DS	QC
r0000	驱动装置只读参数的显示值	·	1	·	·
P0003	用户的参数访问级	1	1	CUT	N
P0004	参数过滤器	0	1	CUT	N
P0010	调试的参数过滤器	0	1	CT	N
P0014[3]	存储方式	0	3	UT	N
P0199	设备的系统序号	0	2	UT	N

附录 E-3　快速调试

参数号	参 数 名 称	缺省值	Level	DS	QC
P0100	适用于欧洲/北美地区	0	1	C	Q
P3900	"快速调试"结果	0	1	C	Q

附录 E-4　参数复位

参数号	参 数 名 称	缺省值	Level	DS	QC
P0970	复位为工厂设置值	0	1	C	N

附录 E-5　技术应用功能

参数号	参 数 名 称	缺省值	Level	DS	QC
P0500[3]	技术应用	0	3	CT	Q

附录 E-6　变频器(P0004=2)

参数号	参 数 名 称	缺省值	Level	DS	QC
r0018	硬件的版本	•	1	•	•
r0026[1]	CO：直流回路电压实际值	•	2	•	•
r0037[5]	CO：变频器温度[°C]	•	3	•	•
r0039	CO：能量消耗计量表[kWh]	•	2	•	•
P0040	能量消耗计量表清零	0	2	CT	N
r0070	CO：直流回路电压实际值	•	3	•	•
r0200	功率组合件的实际标号	•	3	•	•
P0201	功率组合件的标号	0	3	C	N
r0203	变频器的世纪型号	•	3	•	•
r0204	功率组合件的特征	•	3	•	•
P0205	变频器的应用领域	0	3	C	Q
r0206	变频器的额定功率[kW]/[hp]	•	2	•	•
r0207	变频器的额定电流	•	2	•	•
r0208	变频器的额定电压	•	2	•	•
r0209	变频器的最大电流	•	2	•	•
P0210	电源电压	230	3	CT	N
r0231[2]	电缆的最大长度	•	3	•	•
P0290	变频器的过载保护	2	3	CT	N
P0292	变频器的过载报警信号	15	3	CUT	N
P1800	脉宽调剂频率	4	2	CUT	N
r1801	CO：脉宽调剂的开关频率实际值	•	3	•	•
P1802	调制方式	0	3	CUT	N
P1820[3]	输出相序反向	0	2	CT	N
P1911	自动测定(识别)的相数	3	2	CT	N
r1925	自动测定的 IGBT 通态电压	•	2	•	•
r1926	自动测定的门控单元死时	•	2	•	•

附录 E-7　电动机数据(P0004=3)

参数号	参 数 名 称	缺省值	Level	DS	QC
r0035[3]	CO：电动机温度实际值	·	2	·	·
P0300[3]	选择电动机类型	1	2	C	Q
P0304[3]	电动机额定电压	230	1	C	Q
P0305[3]	电动机额定电流	3.25	1	C	Q
P0307[3]	电动机额定功率	0.75	1	C	Q
P0308[3]	电动机额定功率因数	0.000	2	C	Q
P0309[3]	电动机额定效率	0.0	2	C	Q
P0310[3]	电动机额定频率	50.00	1	C	Q
P0311[3]	电动机额定速度	0	1	C	Q
r0313[3]	电动机的极对数	·	3	·	·
P0320[3]	电动机的磁化电流	0.0	3	CT	Q
r0330[3]	电动机的额定滑差	·	3	·	·
r0331[3]	电动机的额定磁化电流	·	3	·	·
r0332[3]	电动机额定功率因数	·	3	·	·
r0333[3]	电动机额定转矩	·	3	·	·
P0335[3]	电动机的冷却方式	0	2	CT	Q
P0340[3]	电动机参数的计算	0	2	CT	N
P0341[3]	电动机的转动惯量[kg·m^2]	0.00180	3	CUT	N
P0342[3]	总惯量/电动机惯量的比值	1.000	3	CUT	N
P0344[3]	电动机的重量	9.4	3	CUT	N
r0345[3]	电动机启动时间	·	3	·	·
P0346[3]	磁化时间	1.000	3	CUT	N
P0347[3]	祛磁时间	1.000	3	CUT	N
P0350[3]	定子电阻 (线间)	4.0	2	CUT	N
P0352[3]	电缆电阻	0.0	3	CUT	N
r0384[3]	转子时间常数	·	3	·	·
r0395	CO：定子总电阻[%]	·	3	·	·
r0396	CO：转子电阻实际值	·	3	·	·
P0601[3]	电动机的温度传感器	0	2	CUT	N
P0604[3]	电动机温度保护动作的门限值	130.0	2	CUT	N
P0610[3]	电动机 I2 t 温度保护	2	3	CT	N
P0625[3]	电动机运行的环境温度	20.0	3	CUT	N

参数号	参 数 名 称	缺省值	Level	DS	QC
P0640[3]	电动机的过载因子[%]	150.0	2	CUT	Q
P1910	选择电动机数据是否自动测定	0	2	CT	Q
r1912[3]	自动测定的定子电阻	•	2	•	•
r1913[3]	自动测定的转子时间常数	•	2	•	•
r1914[3]	自动测定的总泄漏电感	•	2	•	•
r1915[3]	自动测定的额定定子电感	•	2	•	•
r1916[3]	自动测定的定子电感 1	•	2	•	•
r1917[3]	自动测定的定子电感 2	•	2	•	•
r1918[3]	自动测定的定子电感 3	•	2	•	•
r1919[3]	自动测定的定子电感 4	•	2	•	•
r1920[3]	自动测定的动态泄漏电感	•	2	•	•
P1960	速度控制的优化	0	3	CT	Q

附录 E-8　命令和数字 I/O(P0004=7)

参数号	参 数 名 称	缺省值	Level	DS	QC
r0002	驱动装置的状态	•	2	•	•
r0019	CO/BO：BOP 控制字	•	3	•	•
r0050	CO：激活的命令数据组	•	2	•	•
r0051[2]	CO：激活的驱动数据组	•	2	•	•
r0052	CO/BO：激活的状态字 1	•	2	•	•
r0053	CO/BO：激活的状态字 2	•	2	•	•
r0054	CO/BO：激活的控制字 1	•	3	•	•
r0055	CO/BO：激活的辅助控制字	•	3	•	•
r0403	CO/BO：编码器的状态字	•	2	•	•
P0700[3]	选择命令源	2	1	CT	Q
P0701[3]	选择数字输入 1 的功能	1	2	CT	N
P0702[3]	选择数字输入 2 的功能	12	2	CT	N
P0703[3]	选择数字输入 3 的功能	9	2	CT	N
P0704[3]	选择数字输入 4 的功能	15	2	CT	N
P0705[3]	选择数字输入 5 的功能	15	2	CT	N
P0706[3]	选择数字输入 6 的功能	15	2	CT	N
P0707[3]	选择数字输入 7 的功能	0	2	CT	N
P0708[3]	选择数字输入 8 的功能	0	2	CT	N

参数号	参 数 名 称	缺省值	Level	DS	QC
P0719[3]	选择命令和频率设定值	0	3	CT	N
r0720	数字输入的数目	·	3	·	·
r0722	CO/BO：各个数字输入的状态	·	2	·	·
P0724	开关量输入的防颤动时间	3	3	CT	N
P0725	选择数字输入的 PNP/NPN 接线方式	1	3	CT	N
r0730	数字输出的数目	·	3	·	·
P0731[3]	BI：选择数字输出 1 的功能	52：3	2	CUT	N
P0732[3]	BI：选择数字输出 2 的功能	52：7	2	CUT	N
P0733[3]	BI：选择数字输出 3 的功能	0：0	2	CUT	N
r0747	CO/BO：各个数字输出的状态	·	3	·	·
P0748	数字输出反相	0	3	CUT	N
P0800[3]	BI：下载参数组 0	0：0	3	CT	N
P0801[3]	BI：下载参数组 1	0：0	3	CT	N
P0809[3]	复制命令数据组	0	2	CT	N
P0810	BI：CDS 的位 0(本机/远程)	0：0	2	CUT	N
P0811	BI：CDS 的位 1	0：0	2	CUT	N
P0819[3]	复制驱动装置数据组	0	2	CT	N
P0820	BI：DDS 位 0	0：0	3	CT	N
P0821	BI：DDS 位 1	0：0	3	CT	N
P0840[3]	BI：ON/OFF1	722：0	3	CT	N
P0842[3]	BI：ON/OFF1，反转方向	0：0	3	CT	N
P0844[3]	BI：1.OFF2	1：0	3	CT	N
P0845[3]	BI：2.OFF2	19：1	3	CT	N
P0848[3]	BI：1.OFF3	1：0	3	CT	N
P0849[3]	BI：2.OFF3	1：0	3	CT	N
P0852[3]	BI：脉冲使能	1：0	3	CT	N
P1020[3]	BI：固定频率选择，位 0	0：0	3	CT	N
P1021[3]	BI：固定频率选择，位 1	0：0	3	CT	N
P1022[3]	BI：固定频率选择，位 2	0：0	3	CT	N
P1023[3]	BI：固定频率选择，位 3	722：3	3	CT	N
P1026[3]	BI：固定频率选择，位 4	722：4	3	CT	N
P1028[3]	BI：固定频率选择，位 5	722：5	3	CT	N

续表二

参数号	参 数 名 称	缺省值	Level	DS	QC
P1035[3]	BI：使能 MOP(升速命令)	19：13	3	CT	N
P1036[3]	BI：使能 MOP(减速命令)	19：14	3	CT	N
P1055[3]	BI：使能正向点动	0：0	3	CT	N
P1056[3]	BI：使能反向点动	0：0	3	CT	N
P1074[3]	BI：禁止辅助设定值	0：0	3	CUT	N
P1110[3]	BI：禁止负向的频率设定值	0：0	3	CT	N
P1113[3]	BI：反向	722：1	3	CT	N
P1124[3]	BI：使能斜坡时间	0：0	3	CT	N
P1140[3]	BI：RFG 使能	1.0	3	CT	N
P1141[3]	BI：RFG 开始	1.0	3	CT	N
P1142[3]	BI：RFG 使能设定值	1.0	3	CT	N
P1230[3]	BI：使能直流注入制动	0：0	3	CUT	N
P2103[3]	BI：1.故障确认	722：2	3	CT	N
P2104[3]	BI：2.故障确认	0：0	3	CT	N
P2106[3]	BI：外部故障	1：0	3	CT	N
P2220[3]	BI：固定 PID 设定值选择，位 0	0：0	3	CT	N
P2221[3]	BI：固定 PID 设定值选择，位 1	0：0	3	CT	N
P2222[3]	BI：固定 PID 设定值选择，位 2	0：0	3	CT	N
P2223[3]	BI：固定 PID 设定值选择，位 3	722：3	3	CT	N
P2226[3]	BI：固定 PID 设定值选择，位 4	722：4	3	CT	N
P2228[3]	BI：固定 PID 设定值选择，位 5	722：5	3	CT	N
P2235[3]	BI：使能 PID·MOP(升速命令)	19：13	3	CT	N
P2236[3]	BI：使能 PID·MOP(减速命令)	19：14	3	CT	N

附录 E-9　模拟 I/O(P0004 = 8)

参数号	参 数 名 称	缺省值	Level	DS	QC
P0295	变频器风机停机断电的延时时间	0	3	CUT	N
r0750	ADC(模/数转换输入)的数目	·	3	·	·
r0752[2]	ADC 的实际输入[V]或[mA]	·	2	·	·
P0753[2]	ADC 的平滑时间	3	3	CUT	N
r0754[2]	标定后的 ADC 实际值[%]	·	2	·	·
r0755[2]	CO：标定后的 ADC 实际值[4000h]	·	2	·	·
P0756[2]	ADC 的类型	0	2	CT	N

参数号	参　数　名　称	缺省值	Level	DS	QC
P0757[2]	ADC 输入特性标定的 x1 值[V/mA]	0	2	CUT	N
P0758[2]	ADC 输入特性标定的 y1 值	0.0	2	CUT	N
P0759[2]	ADC 输入特性标定的 x2 值[V/mA]	10	2	CUT	N
P0760[2]	ADC 输入特性标定的 y2 值	100.0	2	CUT	N
P0761[2]	ADC 死区的宽度[V/mA]	0	2	CUT	N
P0762[2]	信号消失的延迟时间	10	3	CUT	N
r0770	DAC(数/模转换输出)的数目	•	3	•	•
P0771[2]	CI: DAC 输出功能选择	21: 0	2	CUT	N
P0773[2]	DAC 的平滑时间	2	2	CUT	N
r0774[2]	实际的 DAC 输出值[V]或[mA]	•	2	•	•
P0776[2]	DAC 的型号	0	2	CT	N
P0777[2]	DAC 输出特性标定的 x1 值	0.0	2	CUT	N
P0778[2]	DAC 输出特性标定的 y1 值	0	2	CUT	N
P0779[2]	DAC 输出特性标定的 y1 值	100.0	2	CUT	N
P0780[2]	DAC 输出特性标定的 y2 值	20	2	CUT	N
P0781[2]	DAC 死区的宽度	0	2	CUT	N

附录 E-10　设定值通道和斜坡函数发生器(P0004=10)

参数号	参　数　名　称	缺省值	Level	DS	QC
P1000[3]	选择频率设定值	2	1	CT	Q
P1001[3]	固定频率 1	0.00	2	CUT	N
P1002[3]	固定频率 2	5.00	2	CUT	N
P1003[3]	固定频率 3	10.00	2	CUT	N
P1004[3]	固定频率 4	15.00	2	CUT	N
P1005[3]	固定频率 5	20.00	2	CUT	N
P1006[3]	固定频率 6	25.00	2	CUT	N
P1007[3]	固定频率 7	30.00	2	CUT	N
P1008[3]	固定频率 8	35.00	2	CUT	N
P1009[3]	固定频率 9	40.00	2	CUT	N
P1010[3]	固定频率 10	45.00	2	CUT	N
P1011[3]	固定频率 11	50.00	2	CUT	N
P1012[3]	固定频率 12	55.00	2	CUT	N
P1013[3]	固定频率 13	60.00	2	CUT	N

参数号	参 数 名 称	缺省值	Level	DS	QC
P1014[3]	固定频率 14	65.00	2	CUT	N
P1015[3]	固定频率 15	65.00	2	CUT	N
P1016	固定频率方式·位 0	1	3	CT	N
P1017	固定频率方式·位 1	1	3	CT	N
P1018	固定频率方式·位 2	1	3	CT	N
P1019	固定频率方式·位 3	1	3	CT	N
r1024	CO：固定频率的实际值	·	3	·	·
P1025	固定频率方式·位 4	1	3	CT	N
P1027	固定频率方式·位 5	1	3	CT	N
P1031[3]	存储 MOP 的设定值	0	2	CUT	N
P1032	禁止反转的 MOP 设定值	1	2	CT	N
P1040[3]	MOP 的设定值	5.00	2	CUT	N
r1050	CO：MOP 的实际输出频率	·	3	·	·
P1058[3]	正向点动频率	5.00	2	CUT	N
P1059[3]	反向点动频率	5.00	2	CUT	N
P1060[3]	点动的斜坡上升时间	10.00	2	CUT	N
P1061[3]	点动的斜坡下降时间	10.00	2	CUT	N
P1070[3]	CI：主设定值	755：0	3	CT	N
P1071[3]	CI：标定的主设定值	1：0	3	CT	N
P1075[3]	CI：辅助设定值	0：0	3	CT	N
P1076[3]	CI：标定的辅助设定值	1：0	3	CT	N
r1078	CO：总的频率设定值	·	3	·	·
r1079	CO：选定的频率设定值	·	3	·	·
P1080[3]	最小频率	0.00	1	CUT	Q
P1082[3]	最大频率	50.00	1	CT	Q
P1091[3]	跳转频率 1	0.00	3	CUT	N
P1092[3]	跳转频率 2	0.00	3	CUT	N
P1093[3]	跳转频率 3	0.00	3	CUT	N
P1094[3]	跳转频率 4	0.00	3	CUT	N
P1101[3]	跳转频率的带宽	2.00	3	CUT	N
r1114	CO：方向控制后的频率设定值	·	3	·	·
r1119	CO：未经斜坡函数发生器的频率设定值	·	3	·	·

参数号	参　数　名　称	缺省值	Level	DS	QC
P1120[3]	斜坡上升时间	10.00	1	CUT	Q
P1121[3]	斜坡下降时间	10.00	1	CUT	Q
P1130[3]	斜坡上升起始段园弧时间	0.00	2	CUT	N
P1131[3]	斜坡上升结束段园弧时间	0.00	2	CUT	N
P1132[3]	斜坡下降起始段园弧时间	0.00	2	CUT	N
P1133[3]	斜坡下降结束段园弧时间	0.00	2	CUT	N
P1134[3]	平滑圆弧的类型	0	2	CUT	N
P1135[3]	OFF3 斜坡下降时间	5.00	2	CUT	Q
r1170	CO：通过斜坡函数发生器后的频率设定值	·	3	·	·
P1257[3]	动态缓冲的频率限制	2.5	3	CUT	N

附录 E-11　驱动装置的特点(P0004=12)

参数号	参　数　名　称	缺省值	Level	DS	QC
P0005[3]	选择需要显示的参量	21	2	CUT	N
P0006	显示方式	2	3	CUT	N
P0007	背板亮光延迟时间	0	3	CUT	N
P0011	锁定用户定义的参数	0	3	CUT	N
P0012	用户定义的参数解锁	0	3	CUT	N
P0013[20]	用户定义的参数	0	3	CUT	N
P1200	捕捉再启动	0	2	CUT	N
P1202[3]	电动机电流：捕捉再启动	100	3	CUT	N
P1203[3]	搜寻速率：捕捉再启动	100	3	CUT	N
r1205	观察器显示的捕捉再启动状态	·	3	·	·
P1210	自动再启动	1	2	CUT	N
P1211	自动再启动的重试次数	3	3	CUT	N
P1215	使能抱闸制动	0	2	T	N
P1216	释放抱闸制动的延迟时间	1.0	2	T	N
P1217	斜坡下降后的抱闸时间	1.0	2	T	N
P1232[3]	直流注入制动的电流	100	2	CUT	N
P1233[3]	直流注入制动的持续时间	0	2	CUT	N
P1234[3]	投入直流注入制动的起始频率	650.00	2	CUT	N
P1236[3]	复合制动电流	0	2	CUT	N
P1237	动力制动	0	2	CUT	N

参数号	参 数 名 称	缺省值	Level	DS	QC
P1240[3]	直流电压控制器的组态	1	3	CT	N
r1242	CO：最大直流电压的接通电平	·	3	·	·
P1243[3]	最大直流电压的动态因子	100	3	CUT	N
P1245[3]	动态缓冲器的接通电平	76	3	CUT	N
r1246[3]	CO：动态缓冲的接通电平	·	3	·	·
P1247[3]	动态缓冲器的动态因子	100	3	CUT	N
P1253[3]	直流电压控制器的输出限幅	10	3	CUT	N
P1254	直流电压接通电平的自动检测	1	3	CT	N
P1256[3]	动态缓冲的反应	0	3	CT	N

附录 E-12　电动机的控制(P0004=13)

参数号	参 数 名 称	缺省值	Level	DS	QC
r0020	CO：实际的频率设定值	·	3	·	·
r0021	CO：实际频率	·	2	·	·
r0022	转子实际速度	·	3	·	·
r0024	CO：实际输出频率	·	3	·	·
r0025	CO：实际输出电压	·	2	·	·
r0027	CO：实际输出电流	·	2	·	·
r0029	CO：磁通电流	·	3	·	·
r0030	CO：转矩电流	·	3	·	·
r0031	CO：实际转矩	·	2	·	·
r0032	CO：实际功率	·	2	·	·
r0038	CO：实际功率因数	·	3	·	·
r0056	CO/BO：电动机的控制状态	·	3	·	·
r0061	CO：转子实际速度	·	2	·	·
r0062	CO：频率设定值	·	3	·	·
r0063	CO：实际频率	·	3	·	·
r0064	CO：频率控制器的输入偏差	·	3	·	·
r0065	CO：滑差频率	·	3	·	·
r0066	CO：实际输出频率	·	3	·	·
r0067	CO：实际的输出电流限值	·	3	·	·
r0068	CO：输出电流	·	3	·	·
r0071	CO：最大输出电压	·	3	·	·

参数号	参 数 名 称	缺省值	Level	DS	QC
r0072	CO：实际输出电压	•	3	•	•
r0075	CO：Isd 电流设定值	•	3	•	•
r0076	CO：Isd 电流实际值	•	3	•	•
r0077	CO：Isq 电流设定值	•	3	•	•
r0078	CO：Isq 电流实际值	•	3	•	•
r0079	CO：转矩设定值(总值)	•	3	•	•
r0086	CO：实际的有效电流	•	3	•	•
r0090	CO：转子实际角度	•	2	•	•
P0095[10]	CI：PZD 信号的显示	0：0	3	CT	N
r0096[10]	PZD 信号	•	3	•	•
r1084	最大频率设定值	•	3	•	•
P1300[3]	控制方式	0	2	CT	Q
P1310[3]	连续提升	50.0	2	CUT	N
P1311[3]	加速度提升	0.0	2	CUT	N
P1312[3]	启动提升	0.0	2	CUT	N
P1316[3]	提升结束的频率	20.0	3	CUT	N
P1320[3]	可编程 V/f 特性的频率座标 1	0.00	3	CT	N
P1321[3]	可编程 V/f 特性的电压座标 1	0.0	3	CUT	N
P1322[3]	可编程 V/f 特性的频率座标 2	0.00	3	CT	N
P1323[3]	可编程 V/f 特性的电压座标 2	0.0	3	CUT	N
P1324[3]	可编程 V/f 特性的频率座标 3	0.00	3	CT	N
P1325[3]	可编程 V/f 特性的电压座标 3	0.0	3	CUT	N
P1330[3]	CI：电压设定值	0：0	3	T	N
P1333[3]	FCC 的启动频率	10.0	3	CUT	N
P1335[3]	滑差补偿	0.0	2	CUT	N
P1336[3]	滑差限值	250	2	CUT	N
r1337	CO：V/f 特性的滑差频率	•	3	•	•
P1338[3]	V/f 特性谐振阻尼的增益系数	0.00	3	CUT	N
P1340[3]	最大电流(Imax)控制器的比例增益系数	0.000	3	CUT	N
P1341[3]	最大电流(Imax)控制器的积分时间	0.300	3	CUT	N
r1343	CO：最大电流(Imax)控制器的输出频率	•	3	•	•
r1344	CO：最大电流(Imax)控制器的输出电压	•	3	•	•

续表二

参数号	参 数 名 称	缺省值	Level	DS	QC
P1345[3]	最大电流(Imax)控制器的比例增益系数	0.250	3	CUT	N
P1346[3]	最大电流(Imax)控制器的积分时间	0.300	3	CUT	N
P1350[3]	电压软启动	0	3	CUT	N
P1400[3]	速度控制的组态	1	3	CUT	N
r1407	CO/BO：电动机控制的状态 2	·	3	·	·
r1438	CO：控制器的频率设定值	·	3	·	·
P1452[3]	速度实际值(SLVC)的滤波时间	4	3	CUT	N
P1460[3]	速度控制器的增益系数	3.0	2	CUT	N
P1462[3]	速度控制器的积分时间	400	2	CUT	N
P1470[3]	速度控制器(SLVC)的增益系数	3.0	2	CUT	N
P1472[3]	速度控制器(SLVC)的积分时间	400	2	CUT	N
P1477[3]	BI：设定速度控制器的积分器	0：0	3	CUT	N
P1478[3]	CI：设定速度控制器的积分器	0：0	3	UT	N
r1482	CO：速度控制器的积分输出	·	3	·	·
P1488[3]	垂度的输入源	0	3	CUT	N
P1489[3]	垂度的标定	0.05	3	CUT	N
r1490	CO：下垂的频率	·	3	·	·
P1492[3]	使能垂度功能	0	3	CUT	N
P1496[3]	标定加速度预控	0.0	3	CUT	N
P1499[3]	标定加速度转矩控制	100.0	3	CUT	N
P1500[3]	选择转矩设定值	0	2	CT	Q
P1501[3]	BI：切换到转矩控制	0：0	3	CT	N
P1503[3]	CI：转矩总设定值	0：0	3	T	N
r1508	CO：转矩总设定值	·	2	·	·
P1511[3]	CI：转矩附加设定值	0：0	3	T	N
r1515	CI：转矩附加设定值	·	2	·	·
r1518	CO：加速转矩	·	3	·	·
P1520[3]	CO：转矩上限	5.13	2	CUT	N
P1521[3]	CO：转矩下限	· 5.13	2	CUT	N
P1522[3]	CI：转矩上限	1520：0	3	T	N
P1523[3]	CI：转矩下限	1521：0	3	T	N
P1525[3]	标定的转矩下限	100.0	3	CUT	N

续表三

参数号	参 数 名 称	缺省值	Level	DS	QC
r1526	CO：转矩上限值	·	3	·	·
r1527	CO：转矩下限值	·	3	·	·
P1530[3]	电动状态功率限值	0.75	2	CUT	N
P1531[3]	再生状态功率限值	0.75	2	CUT	N
r1538	CO：转矩上限(总值)	·	2	·	·
r1539	CO：转矩下限(总值)	·	2	·	·
P1570[3]	CO：固定的磁通设定值	100.0	2	CUT	N
P1574[3]	动态电压裕量	10	3	CUT	N
P1580[3]	效率优化	0	2	CUT	N
P1582[3]	磁通设定值的平滑时间	15	3	CUT	N
P1596[3]	弱磁控制器的积分时间	50	3	CUT	N
r1598	CO：磁通设定值(总值)	·	3	·	·
P1610[3]	连续转矩提升(SLVC)	50.0	2	CUT	N
P1611[3]	加速度转矩提升(SLVC)	0.0	2	CUT	N
P1740	消除振荡的阻尼增益系数	0.000	3	CUT	N
P1750[3]	电动机模型的控制字	1	3	CUT	N
r1751	电动机模型的状态字	·	3	·	·
P1755[3]	电动机模型(SLVC)的起始频率	5.0	3	CUT	N
P1756[3]	电动机模型(SLVC)的回线频率	50.0	3	CUT	N
P1758[3]	过渡到前馈方式的等待时间(T·wait)	1500	3	CUT	N
P1759[3]	转速自适应的稳定等待时间(T·wait)	100	3	CUT	N
P1764[3]	转速自适应(SLVC)的 Kp	0.2	3	CUT	N
r1770	CO：速度自适应的比例输出	·	3	·	·
r1771	CO：速度自适应的积分输出	·	3	·	·
P1780[3]	Rs/Rr(定子/转子电阻)自适应的控制字	3	3	CUT	N
r1782	Rs 自适应的输出	·	3	·	·
r1787	Xm 自适应的输出	·	3	·	·
P2480[3]	位置方式	1	3	CT	N
P2481[3]	齿轮箱的速比输入	1.00	3	CT	N
P2482[3]	齿轮箱的速比输出	1.00	3	CT	N
P2484[3]	轴的圈数=1	1.0	3	CUT	N
P2487[3]	位置误差微调值	0.00	3	CUT	N
P2488[3]	最终轴的圈数=1	1.0	3	CUT	N
r2489	主轴实际转数	·	3	·	·

附录 E-13　通讯(P0004=20)

参数号	参 数 名 称	缺省值	Level	DS	QC
P0918	CB(通讯板)地址	3	2	CT	N
P0927	修改参数的途径	15	2	CUT	N
r0964[5]	微程序(软件)版本数据	•	3	•	•
r0965	Profibus profile	•	3	•	•
r0967	控制字 1	•	3	•	•
r0968	状态字 1	•	3	•	•
P0971	从 RAM 到 EEPROM 的传输数据	0	3	CUT	N
P2000[3]	基准频率	50.00	2	CT	N
P2001[3]	基准电压	1000	3	CT	N
P2002[3]	基准电流	0.10	3	CT	N
P2003[3]	基准转矩	0.75	3	CT	N
r2004[3]	基准功率	•	3	•	•
P2009[2]	USS 标称化	0	3	CT	N
P2010[2]	USS 波特率	6	2	CUT	N
P2011[2]	USS 地址	0	2	CUT	N
P2012[2]	USS PZD 的长度	2	3	CUT	N
P2013[2]	USS PKW 的长度	127	3	CUT	N
P2014[2]	USS 停止发报时间	0	3	CT	N
r2015[8]	CO：从 BOP 链接 PZD(USS)	•	3	•	•
P2016[8]	CI：从 PZD 到 BOP 链接(USS)	52：0	3	CT	N
r2018[8]	CO：从 COM 链接 PZD(USS)	•	3	•	•
P2019[8]	CI：从 PZD 到 COM 链接(USS)	52：0	3	CT	N
r2024[2]	USS 报文无错误	•	3	•	•
r2025[2]	USS 据收报文	•	3	•	•
r2026[2]	USS 字符帧错误	•	3	•	•
r2027[2]	USS 超时错误	•	3	•	•
r2028[2]	USS 奇偶错误	•	3	•	•
r2029[2]	USS 不能识别起始点	•	3	•	•
r2030[2]	USS BCC 错误	•	3	•	•
r2031[2]	USS 长度错误	•	3	•	•
r2032	BO：从 BOP 链接控制字 1(USS)	•	3	•	•
r2033	BO：从 BOP 链接控制字 2(USS)	•	3	•	•

参数号	参　数　名　称	缺省值	Level	DS	QC
r2036	BO：从 COM 链接控制字 1(USS)	•	3	•	•
r2037	BO：从 COM 链接控制字 2(USS)	•	3	•	•
P2040	CB 报文停止时间	20	3	CT	N
P2041[5]	CB 参数	0	3	CT	N
r2050[8]	CO：从 CB 至 PZD	•	3	•	•
P2051[8]	CI：从 PZD 至 CB	52：0	3	CT	N
r2053[5]	CB 识别	•	3	•	•
r2054[7]	CB 诊断	•	3	•	•
r2090	BO：CB 发出的控制字 1	•	3	•	•
r2091	BO：CB 发出的控制字 2	•	3	•	•

附录 E-14　报警、警告和监控(P0004 = 21)

参数号	参　数　名　称	缺省值	Level	DS	QC
r0947[8]	最新的故障码	•	2	•	•
r0948[12]	故障时间	•	3	•	•
r0949[8]	故障数值	•	3	•	•
P0952	故障的总数	0	3	CT	N
P2100[3]	选择报警号	0	3	CT	N
P2101[3]	停车的反冲值	0	3	CT	N
r2110[4]	警告信息号	•	2	•	•
P2111	警告信息的总数	0	3	CT	N
r2114[2]	运行时间计数器	•	3	•	•
P2115[3]	AOP 实时时钟	0	3	CT	N
P2150[3]	回线频率 f_hys	3.00	3	CUT	N
P2151[3]	CI：监控速度设定值	0：0	3	CUT	N
P2152[3]	CI：监控速度实际值	0：0	3	CUT	N
P2153[3]	速度滤波器的时间常数	5	2	CUT	N
P2155[3]	门限频率 f_1	30.00	3	CUT	N
P2156[3]	门限频率 f_1 的延迟时间	10	3	CUT	N
P2157[3]	门限频率 f_2	30.00	2	CUT	N
P2158[3]	门限频率 f_2 的延迟时间	10	2	CUT	N
P2159[3]	门限频率 f_3	30.00	2	CUT	N
P2160[3]	门限频率 f_3 的延迟时间	10	2	CUT	N

续表

参数号	参 数 名 称	缺省值	Level	DS	QC
P2161[3]	频率设定值的最小门限	3.00	2	CUT	N
P2162[3]	超速的回线频率	20.00	2	CUT	N
P2163[3]	输入允许的频率差	3.00	2	CUT	N
P2164[3]	回线频率差	3.00	3	CUT	N
P2165[3]	允许频率差的延迟时间	10	2	CUT	N
P2166[3]	完成斜坡上升的延迟时间	10	2	CUT	N
P2167[3]	关断频率 f_off	1.00	3	CUT	N
P2168[3]	延迟时间 T_off	10	3	CUT	N
r2169	CO：实际的滤波频率	·	2	·	·
P2170[3]	门限电流 I_thresh	100.0	3	CUT	N
P2171[3]	电流延迟时间	10	3	CUT	N
P2172[3]	直流回路电压门限值	800	3	CUT	N
P2173[3]	直流回路电压延迟时间	10	3	CUT	N
P2174[3]	转矩门限值 T_thresh	5.13	2	CUT	N
P2176[3]	转矩门限的延迟时间	10	2	CUT	N
P2177[3]	闭锁电动机的延迟时间	10	2	CUT	N
P2178[3]	电动机停车的延迟时间	10	2	CUT	N
P2179	判定无负载的电流限值	3.0	3	CUT	N
P2180	判定无负载的延迟时间	2000	3	CUT	N
P2181[3]	传动皮带故障的检测方式	0	2	CT	N
P2182[3]	传动皮带门限频率 1	5.00	3	CUT	N
P2183[3]	传动皮带门限频率 2	30.00	3	CUT	N
P2184[3]	传动皮带门限频率 3	50.00	2	CUT	N
P2185[3]	转矩上门限值 1	99999.0	2	CUT	N
P2186[3]	转矩下门限值 1	0.0	2	CUT	N
P2187[3]	转矩上门限值 2	99999.0	2	CUT	N
P2188[3]	转矩下门限值 2	0.0	2	CUT	N
P2189[3]	转矩上门限值 3	99999.0	2	CUT	N
P2190[3]	转矩下门限值 3	0.0	2	CUT	N
P2192[3]	传动皮带故障的延迟时间	10	2	CUT	N
r2197	CO/BO：监控字 1	·	2	·	·
r2198	CO/BO：监控字 2	·	2	·	·

附录 E-15　PI 控制器(P0004=22)

参数号	参　数　名　称	缺省值	Level	DS	QC
P2200[3]	BI：使能 PID 控制器	0：0	2	CT	N
P2201[3]	固定的 PID 设定值 1	0.00	2	CUT	N
P2202[3]	固定的 PID 设定值 2	10.00	2	CUT	N
P2203[3]	固定的 PID 设定值 3	20.00	2	CUT	N
P2204[3]	固定的 PID 设定值 4	30.00	2	CUT	N
P2205[3]	固定的 PID 设定值 5	40.00	2	CUT	N
P2206[3]	固定的 PID 设定值 6	50.00	2	CUT	N
P2207[3]	固定的 PID 设定值 7	60.00	2	CUT	N
P2208[3]	固定的 PID 设定值 8	70.00	2	CUT	N
P2209[3]	固定的 PID 设定值 9	80.00	2	CUT	N
P2210[3]	固定的 PID 设定值 10	90.00	2	CUT	N
P2211[3]	固定的 PID 设定值 11	100.00	2	CUT	N
P2212[3]	固定的 PID 设定值 12	110.00	2	CUT	N
P2213[3]	固定的 PID 设定值 13	120.00	2	CUT	N
P2214[3]	固定的 PID 设定值 14	130.00	2	CUT	N
P2215[3]	固定的 PID 设定值 15	130.00	2	CUT	N
P2216	固定的 PID 设定值方式・位 0	1	3	CT	N
P2217	固定的 PID 设定值方式・位 1	1	3	CT	N
P2218	固定的 PID 设定值方式・位 2	1	3	CT	N
P2219	固定的 PID 设定值方式・位 3	1	3	CT	N
r2224	CO：实际的固定 PID 设定值	・	2	・	・
P2225	固定的 PID 设定值方式・位 4	1	3	CT	N
P2227	固定的 PID 设定值方式・位 5	1	3	CT	N
P2231[3]	PID・MOP 的设定值存储	0	2	CUT	N
P2232	禁止 PID・MOP 的反向设定值	1	2	CT	N
P2240[3]	PID・MOP 的设定值	10.00	2	CUT	N
r2250	CO：PID・MOP 的设定值输出	・	2	・	・
P2251	PID 方式	0	3	CT	N
P2253[3]	CI：PID 设定值	0：0	2	CUT	N
P2254[3]	CI：PID 微调信号源	0：0	3	CUT	N
P2255	PID 设定值的增益因子	100.00	3	CUT	N
P2256	PID 微调的增益因子	100.00	3	CUT	N

参数号	参 数 名 称	缺省值	Level	DS	QC
P2257	PID 设定值的斜坡上升时间	1.00	2	CUT	N
P2258	PID 设定值的斜坡下降时间	1.00	2	CUT	N
r2260	CO：实际的 PID 设定值	·	2	·	·
P2261	PID 设定值滤波器的时间常数	0.00	3	CUT	N
r2262	CO：经滤波的 PID 设定值	·	3	·	·
P2263	PID 控制器的类型	0	3	CT	N
P2264[3]	CI：PID 反馈	755：0	2	CUT	N
P2265	PID 反馈信号滤波器的时间常数	0.00	2	CUT	N
r2266	CO：PID 经滤波的反馈	·	2	·	·
P2267	PID 反馈的最大值	100.00	3	CUT	N
P2268	PID 反馈的最小值	0.00	3	CUT	N
P2269	PID 的增益系数	100.00	3	CUT	N
P2270	PID 反馈的功能选择器	0	3	CUT	N
P2271	PID 变送器的类型	0	2	CUT	N
r2272	CO：已标定的 PID 反馈信号	·	2	·	·
r2273	CO：PID 错误	·	2	·	·
P2274	PID 的微分时间	0.000	2	CUT	N
P2280	PID 的比例增益系数	3.000	2	CUT	N
P2285	PID 的积分时间	0.000	2	CUT	N
P2291	PID 输出的上限	100.00	2	CUT	N
P2292	PID 输出的下限	0.00	2	CUT	N
P2293	PID 限定值的斜坡上升/下降时间	1.00	3	CUT	N
r2294	CO：实际的 PID 输出	·	2	·	·
P2295	PID 输出的增益系数	100.00	3	CUT	N
P2350	使能 PID 自动整定	0	2	CUT	N
P2354	PID 参数自整定延迟时间	240	3	CUT	N
P2355	PID 自动整定的偏差	5.00	3	CUT	N
P2800	使能 FFB	0	3	CUT	N
P2801[17]	激活的 FFB	0	3	CUT	N
P2802[14]	激活的 FFB	0	3	CUT	N
P2810[2]	BI：AND（'与'）1	0：0	3	CUT	N
r2811	BO：AND（'与'）1	·	3	·	·

参数号	参 数 名 称	缺省值	Level	DS	QC
P2812[2]	BI：AND('与')2	0：0	3	CUT	N
r2813	BO：AND('与')2	•	3	•	•
P2814[2]	BI：AND('与')3	0：0	3	CUT	N
r2815	BO：AND('与')3	•	3	•	•
P2816[2]	BI：OR('或')1	0：0	3	CUT	N
r2817	BO：OR('或')1	•	3	•	•
P2818[2]	BI：OR('或')2	0：0	3	CUT	N
r2819	BO：OR('或')2	•	3	•	•
P2820[2]	BI：OR('或')3	0：0	3	CUT	N
r2821	BO：OR('或')3	•	3	•	•
P2822[2]	BI：XOR('异或')1	0：0	3	CUT	N
r2823	BO：XOR('异或')1	•	3	•	•
P2824[2]	BI：XOR('异或')2	0：0	3	CUT	N
r2825	BO：XOR('异或')2	•	3	•	•
P2826[2]	BI：XOR('异或')3	0：0	3	CUT	N
r2827	BO：XOR('异或')3	•	3	•	•
P2828	BI：NOT('非')1	0：0	3	CUT	N
r2829	BO：NOT('非')1	•	3	•	•
P2830	BI：NOT('非')2	0：0	3	CUT	N
r2831	BO：NOT('非')2	•	3	•	•
P2832	BI：NOT('非')3	0：0	3	CUT	N
r2833	BO：NOT('非')3	•	3	•	•
P2834[4]	BI：D•FF 1	0：0	3	CUT	N
r2835	BO：Q D•FF 1	•	3	•	•
r2836	BO：NOT•Q D•FF 1	•	3	•	•
P2837[4]	BI：D•FF 2	0：0	3	CUT	N
r2838	BO：Q D•FF 2	•	3	•	•
r2839	BO：NOT•Q D•FF 2	•	3	•	•
P2840[2]	BI：RS•FF 1	0：0	3	CUT	N
r2841	BO：Q RS•FF 1	•	3	•	•
r2842	BO：NOT•Q RS•FF 1	•	3	•	•
P2843[2]	BI：RS•FF 2	0：0	3	CUT	N

参数号	参 数 名 称	缺省值	Level	DS	QC
r2844	BO：Q RS・FF 2	·	3	·	·
r2845	BO：NOT・Q RS・FF 2	·	3	·	·
P2846[2]	BI：RS・FF 3	0：0	3	CUT	N
r2847	BO：Q RS・FF 3	·	3	·	·
r2848	BO：NOT・Q RS・FF 3	·	3	·	·
P2849	BI：定时器 1	0：0	3	CUT	N
P2850	定时器 1 的延迟时间	0	3	CUT	N
P2851	定时器 1 的操作方式	0	3	CUT	N
r2852	BO：定时器 1	·	3	·	·
r2853	BO：定时器 1 无输出	·	3	·	·
P2854	BI：定时器 2	0：0	3	CUT	N
P2855	定时器 2 的延迟时间	0	3	CUT	N
P2856	定时器 2 的操作方式	0	3	CUT	N
r2857	BO：定时器 2	·	3	·	·
r2858	BO：定时器 2 无输出	·	3	·	·
P2859	BI：定时器 3	0：0	3	CUT	N
P2860	定时器 3 的延迟时间	0	3	CUT	N
P2861	定时器 3 的方式	0	3	CUT	N
r2862	BO：定时器 3	·	3	·	·
r2863	BO：定时器 3 无输出	·	3	·	·
P2864	BI：定时器 4	0：0	3	CUT	N
P2865	定时器 4 的延迟时间	0	3	CUT	N
P2866	定时器 4 的操作方式	0	3	CUT	N
r2867	BO：定时器 4	·	3	·	·
r2868	BO：定时器 4 无输出	·	3	·	·
P2869[2]	CI：ADD（'加'）1	755：0	3	CUT	N
r2870	CO：ADD 1	·	3	·	·
P2871[2]	CI：ADD 2	755：0	3	CUT	N
r2872	CO：ADD 2	·	3	·	·
P2873[2]	CI：SUB（'减'）1	755：0	3	CUT	N
r2874	CO：SUB 1	·	3	·	·
P2875[2]	CI：SUB 2	755：0	3	CUT	N

参数号	参　数　名　称	缺省值	Level	DS	QC
r2876	CO：SUB 2	·	3	·	·
P2877[2]	CI：MUL（'乘'）1	755：0	3	CUT	N
r2878	CO：MUL 1	·	3	·	·
P2879[2]	CI：MUL 2	755：0	3	CUT	N
r2880	CO：MUL 2	·	3	·	·
P2881[2]	CI：DIV（'除'）1	755：0	3	CUT	N
r2882	CO：DIV 1	·	3	·	·
P2883[2]	CI：DIV 2	755：0	3	CUT	N
r2884	CO：DIV 2	·	3	·	·
P2885[2]	CI：CMP（'比较'）1	755：0	3	CUT	N
r2886	BO：CMP（'比较'）1	·	3	·	·
P2887[2]	CI：CMP（'比较'）2	755：0	3	CUT	N
r2888	BO：CMP（'比较'）2	·	3	·	·
P2889	CO：以[%]值表示的固定设定值 1	0	3	CUT	N
P2890	CO：以[%]值表示的固定设定值 2	0	3	CUT	N

附录 E-16　编码器

参数号	参　数　名　称	缺省值	Level	DS	QC
P0400[3]	选择编码器的类型	0	2	CT	N
P0408[3]	编码器每转一圈发出的脉冲数	1024	2	CT	N
P0491[3]	速度信号丢失时的处理方法	0	2	CT	N
P0492[3]	允许的速度偏差	10.00	2	CT	N
P0494[3]	速度信号丢失时进行处理的延迟时间	10	2	CUT	N

附录 F　EasyBuilder8000 软件简介

一、WEINVIEW 新一代人机界面的分类

WEINVIEW 新一代嵌入式工业人机界面有 MT8000 和 MT6000 系列。通过采用不同的 CPU，可分为 T 系列、i 系列和 X 系列。他们的区别主要是：T 系列采用 200 MHz，32 bit RISC(精简指令集)CPU，32 M 内存；i 系列采用 400 MHz，32 bit RISCCPU，128 M 内存；而 X 系列采用 500 MHz，32 bit CISC(复杂指令集)CPU，256 M 内存。由此可以看出 i 系列和 X 系列采用了更快的 CPU 和更大的内存，从而运行速度更快。而这三个系列里面，根据接口配置的不同，又可以分为 MT6000 系列通用型产品、MT8000 系列网络型产品和 MT8000 系列专业型产品。MT6000 系列通用型产品没有配备以太网口，MT8000 系列网络型产品配备有以太网口，而 MT8000X 系列我们称之为专业型产品，除了配备以太网口外，还配置有音频输出口等。

二、EasyBuilder8000 的特点

WEINVIEW HMI 组态软件 EasyBuilder8000(简称 EB8000)是台湾威纶科技公司开发的新一代人机界面软件，适用于本公司 MT8000 和 MT6000 系列所有型号的产品。相对于以往产品，具有以下特点：

(1) 支持 65536 色显示；

(2) 支持 windows 平台所有矢量字体；

(3) 支持 BMP、JPG、GIF 等格式的图片；

(4) 兼容 EB500 的画面程序，无须重新编程，轻松实现产品升级；

(5) 支持 USB 设备，譬如 U 盘、USB 鼠标、USB 键盘、USB 打印机等；

(6) 支持历史数据、故障报警等，可以保存到 U 盘或者 SD 卡里面，并且可转换为 Excel 可以打开的文件；

(7) 支持 U 盘、USB 线和以太网等不同方式对 HMI 画面程序进行上、下载；

(8) 支持配方功能，并且可以使用 U 盘等来保存和更新配方，容量更大；

(9) 支持三组串口同时连接不同协议的设备，应用更加灵活方便；

(10) 支持自定义启动 Logo 的功能，且支持"垂直"安装的模式；

(11) 支持市场上绝大多数的 PLC 和控制器、伺服、变频器、温控表等，也可以为用户特殊的控制器开发驱动程序；

(12) 支持离线模拟和在线模拟功能，极大地方便了程序的调试；

(13) 强大的宏指令功能：除了常用的四则运算、逻辑判断等功能外，还可以进行三角函数、反三角函数、开平方、开三次方等运行，同时，还可以编写通讯程序，与非标准协议的设备实现通信连接；

(14) 强大的以太网通讯功能：除了可以与带以太网口的 PLC 等控制器通讯外，还可以

实现 HMI 之间的联网，通过 Internet 或者局域网对 HMI 和与 HMI 连接的 PLC 等上、下载程序，维护更加便利；

(15) 支持 VNC(虚拟网络计算机)功能：只要任何有网络的地方，在 IE 浏览器里面输入需要的 IP 地址和密码，即可监视现场的 HMI 和机器的运行情况；

(16) 支持视频播放功能(MT8000X 系列机器支持此功能)：只要您录入需要的视频文件并在 HMI 上来播放，让操作人员能够轻松地学会机器的操作。

三、软件功能简介

EB8000 软件沿用了"易学易用、功能强大"的特点，客户在掌握之前产品的基础上，很容易学会如何使用 EB8000 软件。表 F-1 为 EB8000 软件提供的各元件的功能描述。

附录 F-1　EB800 软件各元件功能

图标	物件名称	功能描述
	指示灯	使用图形或者文字等显示 PLC 中某一个位的状态
	多状态指示灯	根据 PLC 中数据寄存器不同的数据，显示不同的文字或者图片
	位状态设定	在屏幕上定义了一个触控物件，触控时，对 PLC 中的位进行置位或者复位
	多状态设定	在屏幕上定义了一个触控物件，触控时，可以对 PLC 中的寄存器设定一个常数或者递加递减等功能
	切换开关	在屏幕上定义了一个触控物件，当 PLC 中的某一个位改变时，它的图形也会改变；当触控时，会改变另外一个位的状态
	多状态切换开关	在屏幕上定义了一个多状态的触控物件，当 PLC 的数据寄存器数值改变时，它的图形会跟着变化；触控时，会改变 PLC 中数据寄存器的值
	项目选单	在屏幕上定义了一个下拉式菜单，触控时，可以选择不同的项目，从而将不同的数据写入到 PLC 中
	滑动开关	在屏幕上定义了一个滑动触控物件，当手指滑动该物件时，会线性改变 PLC 中数据寄存器的数值
	数值显示	显示 PLC 中数据寄存器的数值
	数值输入	显示 PLC 中数据寄存器的数据，使用数字键盘可以修改这个数值
	字符显示	显示 PLC 寄存器中的 ASCII 字符

续表一

图标	物件名称	功 能 描 述
	字符输入	显示 PLC 寄存器中的 ASCII 字符,使用字母键盘可以修改这个 ASCII 字符
	功能键	显示 PLC 寄存器中的 ASCII 字符,使用字母键盘可以修改这个 ASCII 字符
	间接窗口	在屏幕上定义了一个区域,当定义的 PLC 数据寄存器的数据与某个画面的编号相等时,该画面会显示在该区域
	直接窗口	在屏幕上定义了一个区域,当定义的 PLC 中的位为 ON 状态时,指定编号的画面会显示在该区域
	移动图形	该物件会随着 PLC 中数值寄存器数值的改变而改变图形的状态和在屏幕上的位置
	动画	该物件会随着 PLC 中数值寄存器数值的改变而改变图形的状态和在屏幕的位置,该位置事先已经设定
	棒图	使用棒状图形来显示 PLC 中数据寄存器数据的动态变化
	表针	使用表针图形来显示 PLC 中数据寄存器数据的动态变化棒图
	趋势图	使用多点连线的方式显示 PLC 中一个或者多个数据寄存器中数据变化的趋势或者历史变化趋势
	历史数据显示	使用表格的方式,显示历史数据
	数据群组显示	显示由 PLC 中一组连续的数据寄存器中的数据组成的曲线
	X-Y 曲线显示	PLC 中一组连续的寄存器数据为 X 轴坐标,另一组连续的寄存器的数据为 Y 轴坐标,由这些对应的坐标点连成的曲线
	报警条	利用走马灯的方式,显示"事件登录"中的报警信息
	报警显示	使用文字的方式显示"事件登录"中的故障信息,当故障恢复时,显示的文字消失
	事件显示	使用文字的方式显示"事件登录"中的故障信息,可以显示故障发生的时间和恢复时间等,故障恢复时,文字不消失
	触发式资料传输	可以手动或者根据 PLC 中某个位的状态来执行数据的传送

续表二

图标	物件名称	功 能 描 述
	备份	将保存到 HMI 里面的配方数据、资料采样数据或者故障报警信息等复制到指定的 U 盘或远程的计算机
	视频播放器	播放指定 U 盘里面的视频文件
	PLC 控制	由 PLC 里面的数据寄存器或者某个位来执行指定的功能，譬如画面翻页、屏幕打印、执行宏指令等
	定时式资料传输	指定一个固定的周期来执行数据传输
	事件登录	定义故障发生时的文字内容和条件
	资料取样	定时取样 PLC 的数据并保存到指定的存储器，并用于显示趋势图和历史数据显示等
	系统信息	客户可以自定义这些由 HMI 系统本身显示的一些提示信息
	排程	定义一个指定的时间，改变 PLC 中的一个位的状态或者改变 PLC 中某个寄存器的数据

附录 G　组态王软件简介

组态王，即组态王开发监控系统软件，是新型的工业自动控制系统，它以标准的工业计算机软、硬件平台构成的集成系统取代传统的封闭式系统。

一、软件发展

组态王 kingview6.55 是亚控科技根据当前的自动化技术的发展趋势，面向低端自动化市场及应用，以实现企业一体化为目标开发的一套产品。该产品以搭建战略性工业应用服务平台为目标，集成了对亚控科技自主研发的工业实时数据库(KingHistorian)的支持，可以为企业提供一个对整个生产流程进行数据汇总、分析及管理的有效平台，使企业能够及时有效地获取信息，及时地作出反应，以获得最优化的结果。

组态王保持了其早期版本功能强大、运行稳定且使用方便的特点，并根据国内众多用户的反馈及意见，对一些功能进行了完善和扩充。组态王 kingview6.55 提供了丰富的、简捷易用的配置界面，提供了大量的图形元素和图库精灵，同时也为用户创建图库精灵提供了简单易用的接口；该款产品的历史曲线、报表及 web 发布功能进行了大幅提升与改进，软件的功能性和可用性有了很大的提高。

组态王在保留了原报表所有功能的基础上新增了报表向导功能，能够以组态王的历史库或 KingHistorian 为数据源，快速建立所需的班报表、日报表、周报表、月报表、季报表和年报表。此外，还可以实现值的行列统计功能。

组态王在 web 发布方面取得了新的突破，全新版的 Web 发布可以实现画面发布，数据发布和 OCX 控件发布，同时保留了组态王 Web 的所有功能：IE 浏览客户端可以获得与组态王运行系统相同的监控画面，IE 客户端与 Web 服务器保持高效的数据同步，通过网络用户可以在任何地方获得与 Web 服务器上相同的画面和数据显示、报表显示、报警显示等，同时可以方便快捷地向工业现场发布控制命令，实现实时控制的功能。

组态王集成了对 KingHistorian 的支持，且支持数据同时存储到组态王历史库和工业库，极大地提高了组态王的数据存储能力，能够更好地满足大点数用户对存储容量和存储速度的要求。KingHistorian 是亚控科技新近推出的独立开发的工业数据库，具有单个服务器支持高达 100 万点、256 个并发客户同时存储和检索数据，每秒检索单个变量超过 20,000 条记录的强大功能。能够更好地满足高端客户对存储速度和存储容量的要求，完全满足了客户实时查看和检索历史运行数据的要求。

二、软件特点

它具有适应性强、开放性好、易于扩展、经济、开发周期短等优点。通常可以把这样的系统划分为控制层、监控层、管理层三个层次结构。其中监控层对下连接控制层，对上连接管理层，它不但实现对现场的实时监测与控制，且在自动控制系统中完成上传下达、组态开发的重要作用。尤其考虑三方面问题：画面、数据、动画。通过对监控系统要求及实现功能的分析，采用组态王对监控系统进行设计。组态软件也为试验者提供了可视化监控画面，有利于试验者实时现场监控。而且，它能充分利用 Windows 的图形编辑功能，方便地构成监控画面，并以动画方式显示控制设备的状态，具有报警窗口、实时趋势曲线等，可便利地生成各种报表。它还具有丰富的设备驱动程序和灵活的组态方式、数据链接功能。具有可视化操作界面，可自动建立 I/O 点、分布式存储报警和历史数据，设备集成能力强，可连接几乎所有设备和系统的亮点。

三、基本方法和核心性能

使用组态王实现控制系统实验仿真的基本方法，包含以下步骤：

(1) 图形界面的设计；

(2) 构造数据库；

(3) 建立动画连接；

(4) 运行和调试。

其核心性能包括：

(1) 流程图监控功能；

(2) 完整的脚本编辑功能；

(3) 实时趋势监视功能；

(4) 全面报警功能；

(5) 历史数据管理功能；

(6) 报表展示功能；

(7) 历史数据查询功能；

(8) 历史趋势图纸。

四、常见问题

1. 变量设定中最大(小)值及最大(小)原始值的意义

最大(小)值是变量在现实中表达的工程值(如：温度、压力等)的大小，而最大(小)原始值是采集设备中[寄存器]数字量的最大(小)值(如板卡中的 819-4095 等)。一般对于板卡设备此值为物理量经 AD 转换之后的值，如 12 Bit AD 此值范围为 0～4096、16 Bit AD 为 0～65535。对于 PLC、智能仪表、变频器，其本身已将物理值转换为工程值，所以此时最大(小)值与最大(小)原始值在设置时是一致的。

2. 为什么变量无法删除，如何删除变量

在组态王中，只有未使用的变量才能被删除，因此在删除变量之前，必须去掉在画面或命令语言、控件引用处等处与之有关的连接，如果还是无法删除，在工程浏览器中执行工具—更新变量计数命令，重新统计变量，在变量使用报告中可以查询变量是否还在某些地方使用，将其连接断开后，利用工具—删除未用变量将变量删除。

3. 工程运行时，显示通讯协议组件失败

设备驱动安装错误：(1) 安装新的驱动；(2) 在开发状态下重新连接设备，如果还是有

错误，请联系驱动部索要新的驱动程序。

4. 光盘上的典型案例无法打开

将工程拷贝到硬盘上然后将属性改为存档即可。

5. 如何在打开机器时自动进入组态王

将 touchview 快捷方式拷贝到系统开始\程序\启动中。

6. 怎样把工程文件变小

可以删除*.AL2(报警信息文件)，*.REC(历史记录文件)，*.111 文件(*.pic 文件的备份文件)的文件。

7. 如何在线增删用户及用户密码和权限

使用 editusers()函数(用户权限需大于 900)。

8. 保存数值、保存参数

在定义变量的基本属性时状态栏中的保存数值、保存参数是什么意思？

保存参数：在系统运行时，修改变量的域的值(可读可写型)，系统自动保存这些参数值，系统退出后，其参数值不会发生变化。当系统再启动时，变量的域的参数值为上次系统运行时最后一次的设置值。无须用户再去重新定义。

保存数值：系统运行时，当变量的值发生变化后，系统自动保存该值。当系统退出后再次运行时，变量的初始值为上次系统运行过程中变量值最后一次变化的值。

9. 开发狗与运行狗的区别？

开发狗是用于工程开发使用的，为了方便调试支持 6 小时的连续运行，运行狗是用于工程实际运行，不能进行开发。

参 考 文 献

[1] 王永华. 现代电气控制与 PLC 应用技术[M]. 5 版. 北京：北京航空航天大学出版社，2019.

[2] 廖常初. S7-300/400PLC 应用教程[M]. 2 版. 北京：机械工业出版社，2014.

[3] 廖常初，陈晓东，等. 西门子人机界面（触摸屏）组态与应用技术[M]. 北京：机械工业出版社，2008.

[4] 天津龙洲科技仪器有限公司. 机电一体化柔性装配系统 PLC 控制实训教学指导书，2010.

[5] 西门子（中国）有限公司自动化与驱动集团. SIMATIC S7-200 SMART 系统手册，2019.

[6] 西门子（中国）有限公司自动化与驱动集团. 西门子 MICROMASTER 440 变频器使用大全，2011.

参考文献

[1] ... ... Conference on ... ... Technologies and ... ... 2019.

[2] ... ... Amobi C. ... ... K. ... ... 2019.

[3] ... ... Proc. ... ... 2008.

[4] ... ... ETC ... ...

[5] ... ... IEEE Smart ... ... S. 200 S ... ...

[6] ... ... MICROWAVE ... ...